AGUA PURIFICACION.

AGUA, PURIFICACIÓN, POZOS.

AUTOR: LIZETT ARIANNA CAZARES ESTRADA. ISBN: 978-1-326-20423-5

INDICE.

ACUIFEROS. 4.

ACUIFEROSUBTERRANEO-AEROBOMBA-LLUVIA 5.

AGUA. 6.

AGUA-CICLO. 7.

AGUA-CICLO2. 8

AGUACONTAMINADA. 9

AGUADELAIRE. 10.

AGUAPURAINTERCAMBIOIONICO. 11.

AGUAPURAINTERCAMBIONICO2. 12.

AGUASUBETRRANEAS-NAPA. 13.

AGUASSUBTERRANEAS-BOMBAS-POZOS-OSMOSIS. 14.

AGUASSUBTERRASANEASCAPTACIÓN. 15.

AGUASUBTERRANEA-COSTA-NUBES. 16.

AGUA-USOS-ESTADOS. 17.

ALAMBIQUESOLAR-GEISER. 18.

ARIETE1. 19.

ARIETE2. 20.

BOMBA-DE-INERCIA. 21.

BOMBA-EMBOLO. 22.

BOMBAS1. 23.

BOMBAS2. 24.

BOMBAS3. 25.

BOMBAS4. 26.

BOMBASAIRE. 27.

BOMBAS-AIRE. 28.

BOMBASLAZO1. 29.

BOMBASLAZO2. 30.

BOMBASLAZO3. 31.

BOMBASLAZO-AGUALLUVIA. 32.

BOMBA-SUMERGIBLE. 33.

CAPILARACUIFEROS. 34

CAPTURA-AGUA-ROCOSO-SISTEMA. 35.

CICLOAGUA. 36.

CICLO-AGUA. 37.

CICLOHIDROLOGICO 38.

DESALINIZACIÓN-AGUA. 39.

DESALINIZACIÓNAGUA-EVAPORACIÓN. 40.

DESALINIZACIÓN-SOLAR. 41.

DESALINIZADOR. 42.

ENFERMEDADES-AGUA. 43.

FILTRO-ARENA-Y-GRAVA. 44.

FILTRO-PORTABLE-AGUA. 45.

LIMPIAR-AGUA-RECOLECTOR-LLUVIA. 46.

NIEBLAS-AGUADEPURACIÓN. 47.

NIVELESFREATICOSSUTERRANEOS. 48.

POZO-ENCONTRARAGUA-OSMOSIS. 49.

POZOS-ZONA-SATURADA. 50.

PURIFICACIÓN-AGUA. 51.

PURIFICACIÓN-FISICA. 52.

PURIFICACIÓN-QUÍMICA. 53.

TRATAMIENTO-AGUAS-BOMBAPRESIÓN. 54.

TRATAMIENTO-AGUAS-RESIDUALES. 55.

ULTRAVIOLETA-LAMPARA. 56.

# ACUIFEROS.

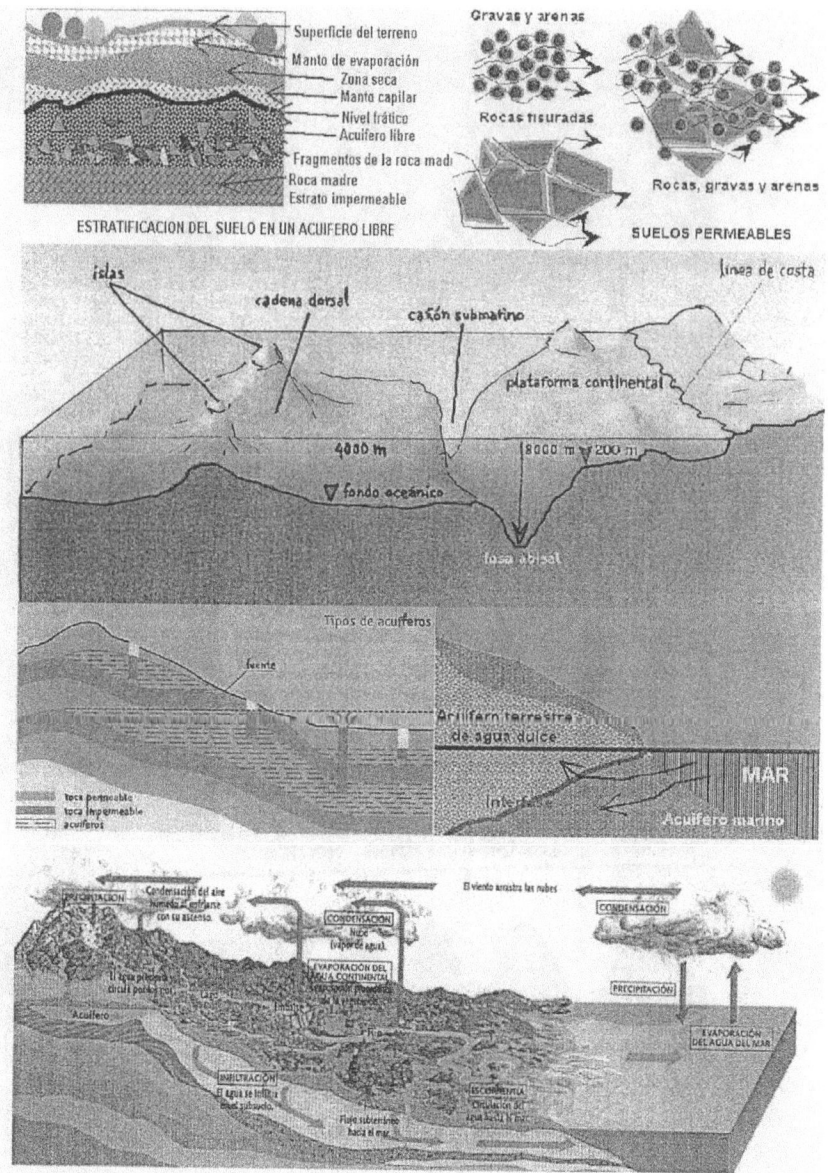

ACUIFEROSSUBTERRANEO-AEROBOMBA-LLUVIA-

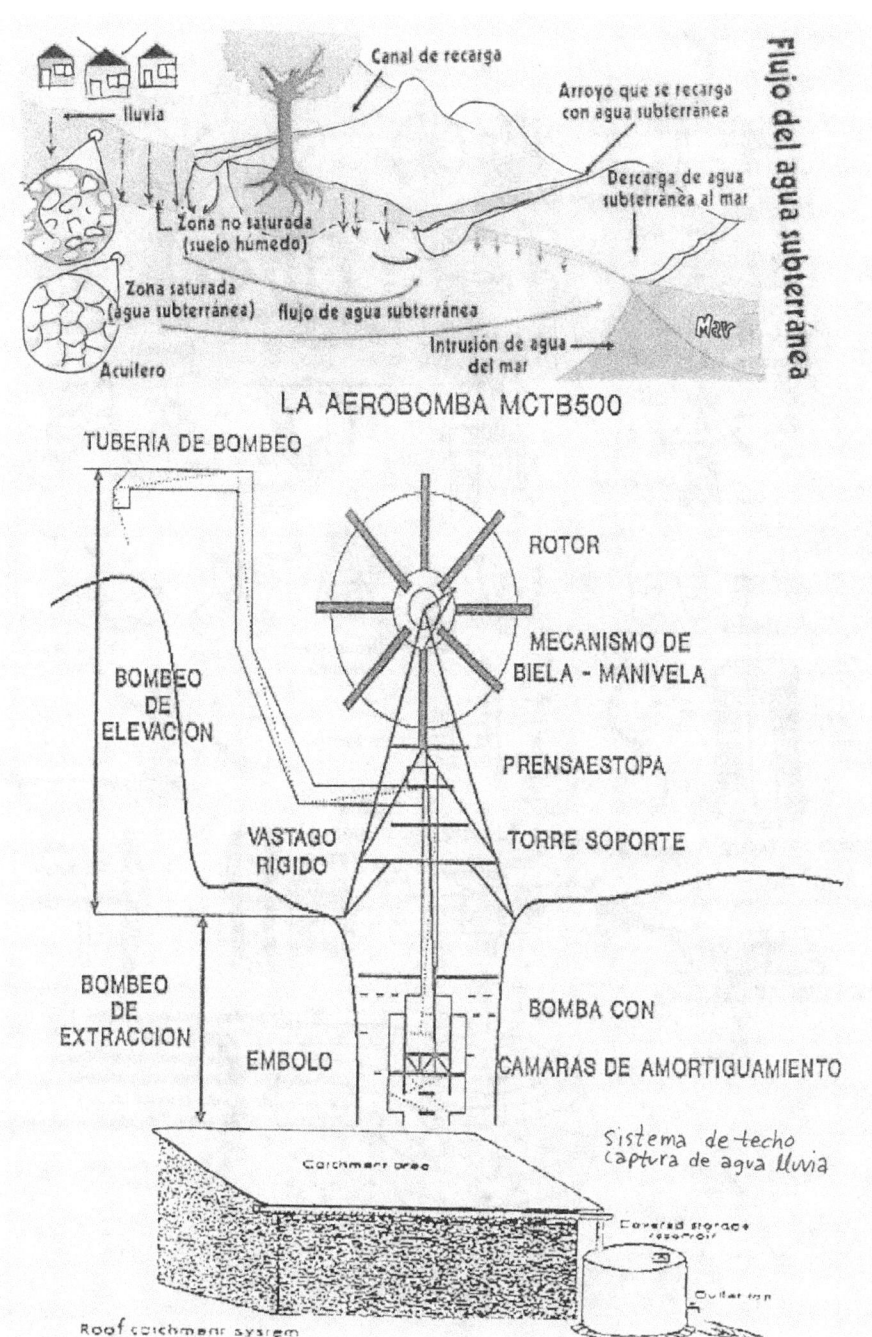

# AGUA

## AGUA

El agua, $H_2O$, por su pequeña masa molecular, 18, debería ser un gas. Muchos gases tienen masas moleculares mayores. Esto quiere decir que las moléculas de agua forman agrupaciones de muchas unidades $H_2O$. Esta unión se realiza por medio del "puente de hidrógeno". Los átomos de oxígeno están ligeramente cargados con cargas negativas y los átomos de hidrógeno, con cargas positivas. Estas cargas sirven para atraer las moléculas entre sí y unirlas ligeramente. Positivo atrae a negativo.

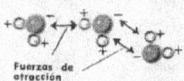

Fuerzas de atracción

## PROPIEDADES FÍSICAS

El agua es un líquido incoloro, inodoro e insípido. Un gramo de agua ocupa 1 cm³ a 4°C (densidad 1 gr/cm³). El punto de ebullición es 100°C, a una presión de 760 mm. de mercurio. El punto de congelación es de 0°C.

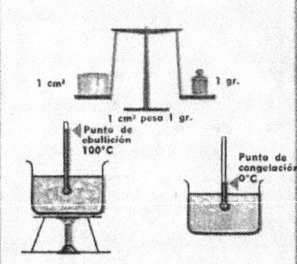

## PRUEBA DE QUE UN LÍQUIDO ES AGUA

El sulfato de cobre anhidro se vuelve azul

Si un líquido cambia, al sulfato de cobre anhidro, del color blanco al azul, es agua, aunque puede ser agua con impurezas. Para comprobar su pureza, se hallan los puntos de ebullición y de fusión. El agua pura hierve a 100°C., y funde a 0°C. a la presión de una atmósfera.

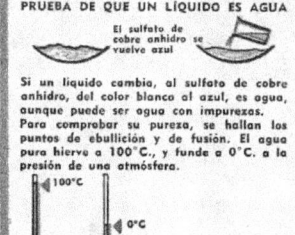

Punto de ebullición  Punto de fusión

## SOLVENTE

El agua es el mejor solvente. Disuelve muchos productos en grandes cantidades y hay muy pocas sustancias que no se disuelvan en ella, aunque sea en pequeña cantidad; aun el vidrio lo hace en pequeña proporción. Por esta razón es muy difícil mantener el agua pura.

## DUREZA

Cuando se disuelven sales de calcio y magnesio en agua, se dice que el agua se hace dura y forma con el jabón espuma insoluble. La dureza se puede eliminar, temporalmente, hirviendo el agua. El bicarbonato cálcico se descompone y se forman partículas insolubles de carbonato cálcico, que no reaccionan con el jabón. La ebullición no elimina permanentemente la dureza. Los iones de calcio o magnesio perjudiciales se pueden separar poniendo otros iones en su lugar. Los iones sódicos no forman espuma con el jabón. El intercambio se puede llevar a cabo con sosa, o con una resina intercambiadora de iones. La destilación es un proceso mucho más costoso para eliminar la dureza del agua.

## IONIZACIÓN

El agua se encuentra, principalmente, en forma de moléculas, aunque una pequeña proporción de estas moléculas se descompone en iones hidrógeno e hidroxilo. En cada litro de agua, sólo 18/10.000.000 gramos de agua sufren esta descomposición, formándose 1/10.000.000 gramos de iones hidrógeno y 17/10.000.000 gramos de iones hidroxilo. Probablemente, los iones están rodeados de moléculas de agua.

$$H_2O \rightarrow H^+ + OH^-$$

Agua    Ion hidrógeno    Ion hidroxilo

## AGUA DE CRISTALIZACIÓN

Aunque muchas sales pueden parecer a simple vista muy seca tienen cantidades bien definidas de agua, íntimamente unidas a ellas. Esta agua se puede eliminar por calentamiento. Cada molécula de un cristal de sulfato de cobre tiene 5 moléculas de agua de cristalización.

Cristal de sulfato de cobre

## METALES Y AGUA

Cuanto más activo sea el metal tanto mejor reacciona con el agua. En la reacción se forma hidrógeno.

METAL + AGUA = BASE + HIDRÓGENO

Ejemplo $Mg + 2 H_2O = Mg(OH)_2 + H_2$

| REACCIÓN DEL AGUA CON LOS METALES | |
|---|---|
| Potasio, Sodio, Calcio | (a) Reaccionan en agua fría |
| Magnesio | (b) Con agua caliente |
| Aluminio, Cinc, Hierro | (c) El metal caliente reacciona con vapor de agua |
| Plomo, Cobre, Plata, Oro | (d) No reaccionan |

## METALOIDES Y AGUA

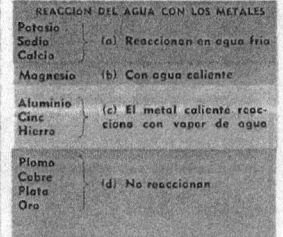

El agua se transforma en agua de cloro

Cloro + Agua → Ácido hipocloroso + Ácido clorhídrico

$$Cl_2 + H_2O \rightarrow HClO + HCl$$

En general, los metaloides no reaccionan con el agua. El cloro y sus homólogos (flúor y bromo) reaccionan, formando ácidos.

## AGUA

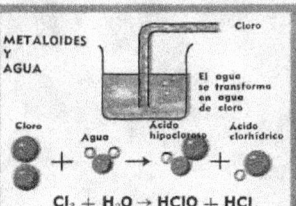

Carbón + Vapor de agua → Óxido de carbono + Hidrógeno

$$C + H_2O \rightarrow CO + H_2$$

Otra excepción es el carbón. Cuando se hace pasar vapor de agua sobre carbón ardiendo, éste reduce al agua a hidrógeno.

## SALES Y AGUA

Las sales están formadas por ácidos y bases. Ciertas sales son parcialmente desdo-

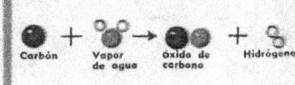

 Ácida — Sal de ácido fuerte y base débil

 Alcalina — Sal de ácido débil y base fuerte

bladas por la acción del agua, con lo que se forman de nuevo un poco de ácido y base. Esto se llama "hidrólisis". Una sal de un ácido débil y una base fuerte da una solución alcalina; y la sal de un ácido fuerte y una base débil, una solución ácida.

# AGUA-CICLO

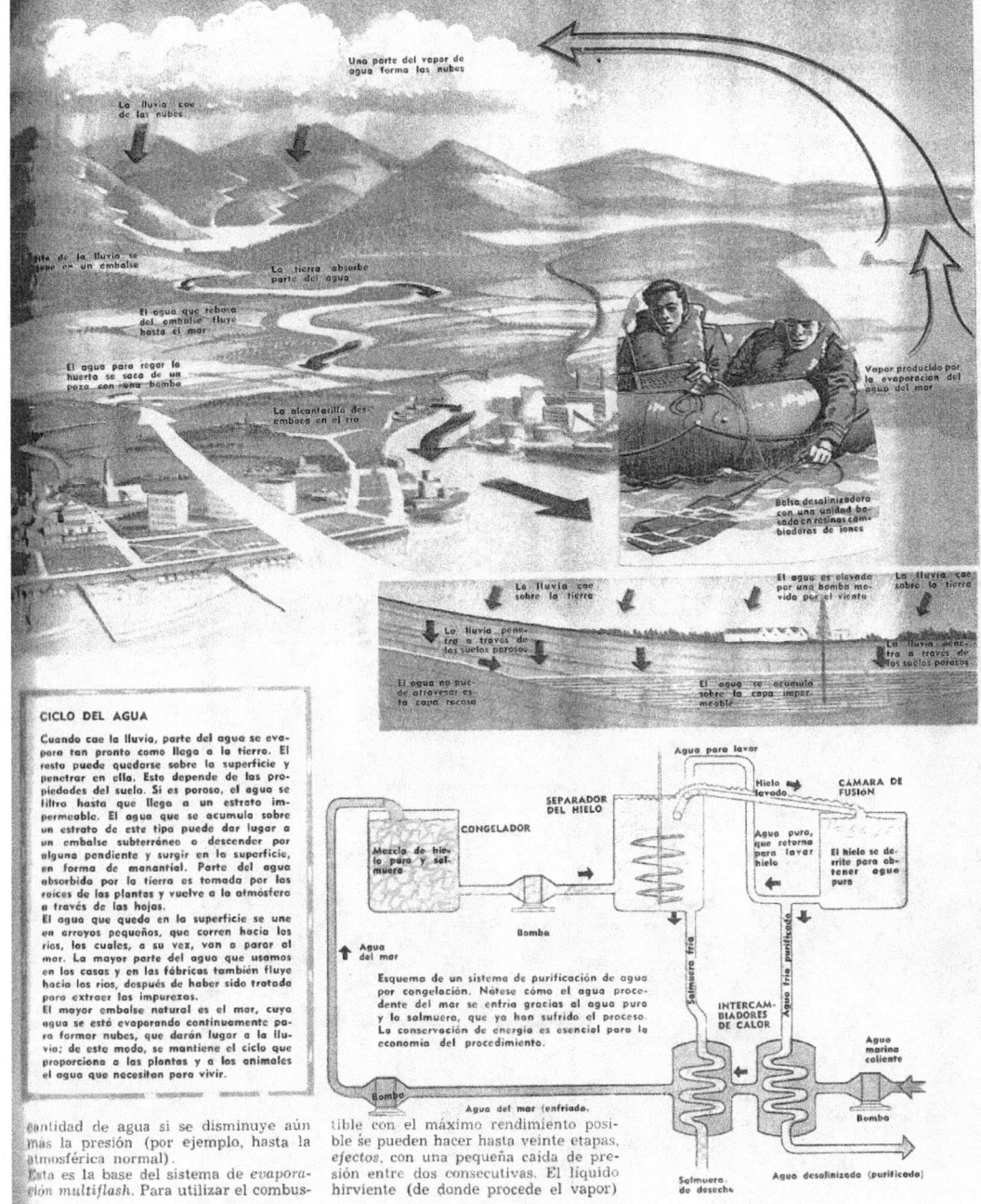

### CICLO DEL AGUA

Cuando cae la lluvia, parte del agua se evapora tan pronto como llega a la tierra. El resto puede quedarse sobre la superficie y penetrar en ella. Esto depende de las propiedades del suelo. Si es poroso, el agua se filtra hasta que llega a un estrato impermeable. El agua que se acumula sobre un estrato de este tipo puede dar lugar a un embalse subterráneo o descender por alguna pendiente y surgir en la superficie, en forma de manantial. Parte del agua absorbida por la tierra es tomada por las raíces de las plantas y vuelve a la atmósfera a través de las hojas.
El agua que queda en la superficie se une en arroyos pequeños, que corren hacia los ríos, los cuales, a su vez, van a parar al mar. La mayor parte del agua que usamos en las casas y en las fábricas también fluye hacia los ríos, después de haber sido tratada para extraer las impurezas.
El mayor embalse natural es el mar, cuya agua se está evaporando continuamente para formar nubes, que darán lugar a la lluvia; de este modo, se mantiene el ciclo que proporciona a las plantas y a los animales el agua que necesitan para vivir.

Esquema de un sistema de purificación de agua por congelación. Nótese cómo el agua procedente del mar se enfría gracias al agua pura y la salmuera, que ya han sufrido el proceso. La conservación de energía es esencial para la economía del procedimiento.

cantidad de agua si se disminuye aún más la presión (por ejemplo, hasta la atmosférica normal).
Esta es la base del sistema de *evaporación multiflash*. Para utilizar el combustible con el máximo rendimiento posible se pueden hacer hasta veinte etapas, *efectos*, con una pequeña caída de presión entre dos consecutivas. El líquido hirviente (de donde procede el vapor)

circula en una dirección a través de la planta, mientras su temperatura disminuye gradualmente. Al mismo tiempo, la temperatura del agua salada refrigerante aumenta al circular en la otra dirección. Una de las limitaciones de este tipo de plantas es que se forman depósitos cristalinos en las paredes de los evaporadores.

Para aumentar el rendimiento de un evaporador "multiflash" debe asociarse con una turbina que accione un generador eléctrico. Así se produce un ahorro recíproco. El vapor de baja presión del escape de la turbina es una buena fuente de agua dulce. Por otra parte, el agua salada que entra a las calderas puede usarse para condensar vapor, al mismo tiempo que se precalienta.

### SEPARACIÓN POR CONGELACIÓN

Cuando se enfría agua salada hasta temperaturas algo inferiores a 0° C, sólo se congela agua pura, formando hielo, y las sales disueltas quedan en disolución (es decir, en el líquido). Entonces, si se puede separar el hielo de la salmuera, tendremos agua dulce al fundir el hielo. El calor latente de fusión del agua es mucho menor que el de vaporización. Además, las temperaturas normales del agua del mar están más cerca del punto de congelación que del de ebullición. Por ello, ateniéndonos a la economía, este método es bastante más atractivo que el de evaporación "multiflash".

Sin embargo, entraña dificultades técnicas, que deben superarse antes de generalizar este procedimiento. El problema principal consiste en separar los diminutos cristales de hielo de la salmuera, que tiende a adherirse en ellos. Los métodos que parecen más eficaces consisten en lavar los cristales de hielo con agua dulce (aunque esto parece un gasto inútil), o en usar una máquina centrifugadora.

### ELECTRODIÁLISIS

En este proceso, una corriente eléctrica continua fluye entre las paredes de cámaras estrechas, por las que circula agua salada. Esta corriente hace que el sodio y los cationes, por una parte, y el cloro y los aniones, por otra, se dirijan hacia las membranas cargadas que forran las cámaras. Estas membranas están cargadas, alternativamente, con electricidad positiva y electricidad negativa.

El potencial eléctrico existente entre las membranas desaliniza el agua en unos compartimientos, mientras que aumenta la concentración de la sal en los compartimientos alternos.

En la actualidad, se duda de que este proceso resulte factible para separar la sal del agua marina (que tiene una salinidad de unas 30 a 35 partes por mil). Sin embargo, es completamente satisfactorio para tratar aguas con 5 ó 10 partes por mil de sal en disolución.

### OTROS MÉTODOS

En total, se han sugerido unos veinte métodos diferentes para desalinizar el agua marina, que llegaron a distintas etapas de desarrollo. El primer método empleado fue el de evaporación; así, no es sorprendente que la mayoría de los sistemas (incluyendo los usados en los barcos) se base en este principio.

Se está trabajando en la investigación y procedimientos de precipitación química, ósmosis y separación mediante solventes orgánicos.

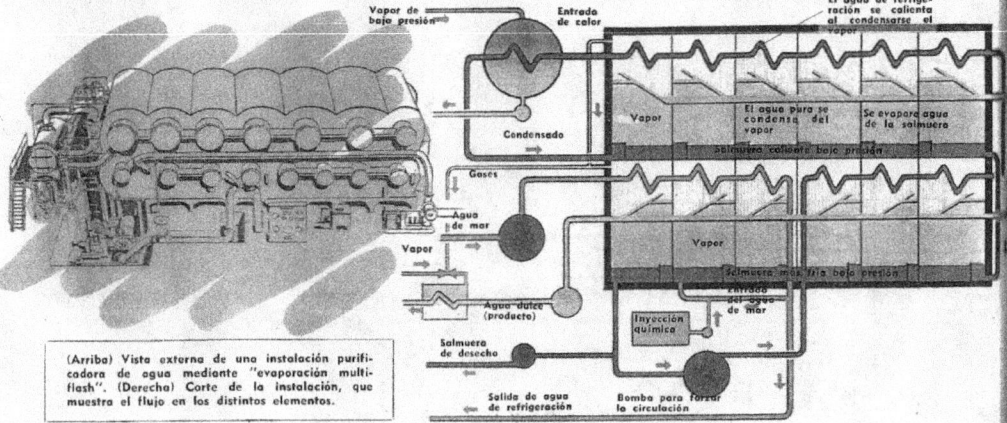

(Arriba) Vista externa de una instalación purificadora de agua mediante "evaporación multiflash". (Derecha) Corte de la instalación, que muestra el flujo en los distintos elementos.

# AGUA CONTAMINADA.

## INGREDIENTES TÓXICOS EN PRODUCTOS DE USO COTIDIANO QUE CONTAMINAN EL AGUA

| PRODUCTO | INGREDIENTE | EFECTO |
|---|---|---|
| Limpiadores domésticos | Polvos y limpiadores abrasivos Fosfato de sodio, amoníaco, etanol | Corrosivos, tóxicos e irritantes |
| Limpiadores con amoníaco | amoníaco, etanol | Corrosivos, tóxicos e irritantes |
| Blanqueadores | Hidróxido de sodio, hidróxido de potasio, peróxido de hidrógeno, hipoclorito de sodio o calcio | Tóxicos y corrosivos |
| Desinfectantes | Etilen y metilen glicol, hipoclorito de sodio | Tóxicos y corrosivos |
| Destapacaños | Hidróxido de sodio, hidróxido de potasio, hipoclorito de sodio, ácido clorhídrico, destilados de petróleo | Extremadamente corrosivos y tóxicos |
| Pulidores de pisos y muebles | Amoníaco, dietilenglicol, destilados de petróleo, nitrobenceno, nafta y fenoles | Inflamables y tóxicos |
| Limpiadores y pulidores de metales | Tiourea y ácido sulfúrico | Corrosivos y tóxicos |
| Limpiadores de hornos | Hidróxido de potasio, hidróxido de sodio, amoníaco | Corrosivos y tóxicos |
| Limpiadores de inodoros | Ácido oxálico, ácido muriático, para diclorobenceno e hipoclorito de sodio | Corrosivos, tóxicos e irritantes |
| Limpiadores de alfombras | Naftaleno, percloroetileno, ácido oxálico y dietilenglicol | Corrosivos, tóxicos e irritantes |
| Productos en aerosol | Hidrocarburos. Inflamables | Tóxicos e irritantes |
| Pesticidas y repelentes de insectos | Organofosfatos, carbamatos y piretinas | Tóxicos y venenosos |
| Adhesivos | Hidrocarburos | Inflamables e irritantes |
| Anticongelantes | Etilenglicol | Tóxico |
| Gasolina | Tetraetilo de plomo | Tóxico e inflamable |
| Aceite para motor | Hidrocarburos, metales pesados | Tóxico e inflamable |
| Líquido de transmisión | Hidrocarburos, metales pesados | Tóxico e inflamable |
| Líquido limpiaparabrisas | Detergentes, metanol | Tóxico |
| Baterías | Ácido sulfúrico, plomo | Tóxico |
| Líquido para frenos | Glicoles, éteres | Inflamables |
| Cera para carrocerías | Naftas | Inflamable e irritante |

**DISTRIBUCION DEL AGUA EN LA TIERRA:**

Ríos: 0.0001%

Humedad atmosférica: 0.001%

Lagos: 0.016%

Aguas Subterraneas: 0.61%

Glaciares y cumbres nevadas: 2.24%

Oceanos y mares: 97.1%

## CONTAMINACION DEL AGUA:

Destrucción de las fuentes de agua por la tala y quema de los bosques, y el mal manejo de las cuencas.

Contaminación de ríos, lagos y mares por desagües de las ciudades, de las industrias, relaves mineros y vertimiento de productos químicos (herbicidas, insecticidas, fertilizantes).

Desperdicio: a pesar que en muchos lugares, especialmente en las zonas áridas, el agua es muy escasa, ésta se desperdicia de muchas formas. Por una parte, se pierde agua por las malas instalaciones urbanas y caseras, y, por otra parte, el agua es mal usada o usada sin conciencia de ahorro.

La Contaminación del agua se produce a través de la incorporación de materias extrañas, como microorganismos, productos químicos, residuos industriales y de otros tipos, o aguas residuales. Estas materias deterioran la calidad del agua y la hacen inútil para los usos pretendidos.

### ¿Cómo Conservamos el Agua?

1. Cuidar las fuentes de agua
2. Controlar la contaminación del agua
3. Ahorrar el agua

EL AGUA ES VIDA....
NO LA DESPERDICIES....

AGUADELAIRE.

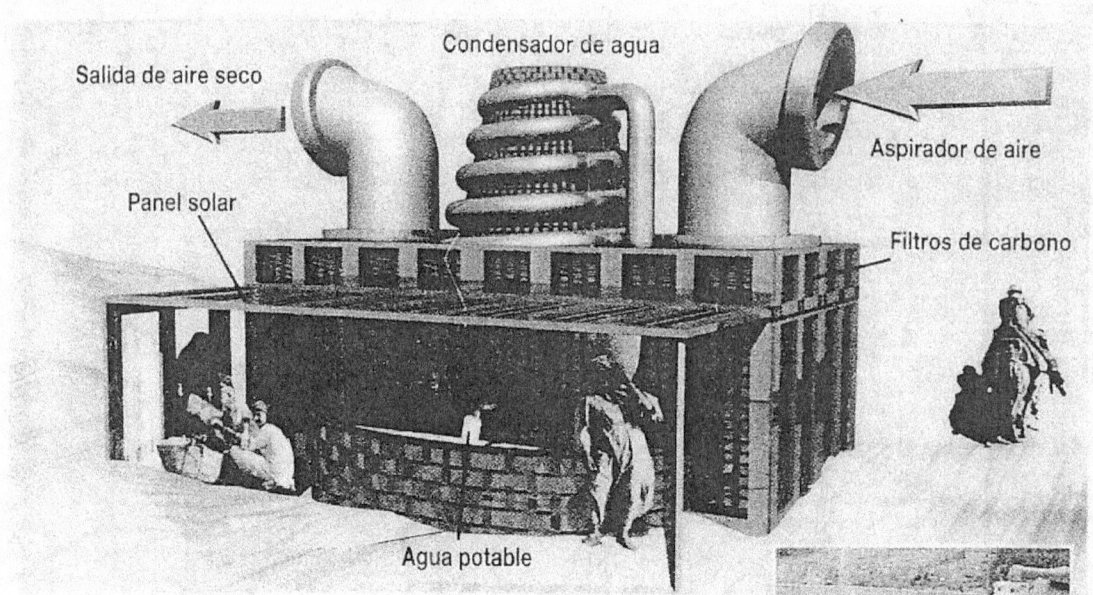

Sobre estas líneas, colector de agua atmosférica diseñado por el alemán Norbert Räbinger: el aire recogido por un aspirador pasa por unos filtros de carbono que retienen el agua. A la derecha, agua recogida con paneles en Chungungo (Chile).

## ¿Es posible obtener agua potable del aire?

Hasta en los desiertos más áridos hay agua. Ésta se halla en el aire y para recogerla basta desplegar por la noche una fina red que atrape y condense las gotas de rocío. Esta táctica ha sido perfeccionada por los científicos para abastecer de agua a los habitantes de regiones áridas en las que, debido a las condiciones meteorológicas y topográficas, se forman nieblas en la costa o en las zonas montañosas vecinas. Desde 1992, los más de 330 habitantes de la villa de Chungungo, en Chile, reciben a diario 11.000 litros de agua que recogen los paneles colectores, unas grandes mallas de polipropileno, instalados en el monte cercano de El Tofo.

Norbert Räbinger, un técnico de medio ambiente de Bremen (Alemania), trabaja en el desarrollo de un nuevo colector. Éste consta de un aspirador que hace pasar el aire por filtros de carbono capaces de retener las moléculas de agua. Por la mañana, los filtros se calientan con energía solar, para que el agua se evapore, y unos condensadores vuelven a licuarla.

# AGUA PURA POR INTERCAMBIO IÓNICO

El agua del grifo puede contener relativamente muchas sustancias con impurezas. El gas carbónico y, en áreas industriales, el ácido sulfhídrico y el anhídrido sulfuroso que existen en el aire se disuelven en la lluvia a medida que cae. En algunas zonas también se disuelven en ella sales minerales, como bicarbonato cálcico y sulfato magnésico, a medida que el agua se filtra por las distintas capas del suelo.

Aunque el agua del grifo esté impurificada de este modo, con frecuencia es aún lo suficientemente pura, y puede usarse para muchos fines sin ningún tratamiento adicional.

De hecho, la presencia de algunos minerales en el agua potable es beneficiosa. Sin embargo, hay muchos casos en los que es preciso eliminar las impurezas. Por ejemplo, en la fabricación de productos químicos y farmacéuticos, el agua utilizada en el proceso debe ser de gran pureza. También ha de serlo la que se utiliza en muchas ramas de la investigación científica.

En otras circunstancias, es ventajoso utilizar agua pura, aun cuando no sea absolutamente necesario. Por ejemplo, la formación de incrustaciones y escamas en las calderas se evita utilizando agua pura, y la cantidad de jabón que se emplea en las lavanderías se puede reducir considerablemente si las sales de calcio y magnesio se han eliminado del agua. Durante muchos años, el método aceptado para purificar el agua ha sido el de destilarla. Por este procedimiento, el agua se convierte en vapor, que condensa en otro recipiente, suministrando *agua destilada*. Gran parte de las impurezas, especialmente las sales minerales, quedan en el primer recipiente, aunque se corre el riesgo de que el vapor arrastre los gases disueltos en el agua. Se ve claro que este método de separar del agua una cantidad relativamente pequeña de contaminantes requiere mucho combustible y resulta antieconómico.

Un método más lógico de resolver el problema consiste en quitar las impurezas del agua, igual que los sólidos suspendidos se eliminan de un líquido por filtración. Esto se consigue, de un modo bastante ingenioso, utilizando *resinas cambiadoras*. Éstas, insolubles en agua, son compuestos orgánicos complejos. Algunas son ácidas y otras se comportan como álcalis. Puesto que son insolubles, se pueden mezclar sin que se produzcan cambios químicos.

Todas las sales disueltas en el agua corriente se disocian, en mayor o menor grado, en iones: las moléculas de sulfato magnésico se dividen en iones sulfato e iones magnesio, mientras que el bicarbonato cálcico da iones calcio e iones bicarbonato. Cuando el agua pasa a través de una columna que contiene una mezcla de dos tipos diferentes de resina, los iones libres en la disolución sufren un intercambio con los iones hidrógeno y oxidrilo (hidroxilo) de las resinas. Los iones metálicos, cargados

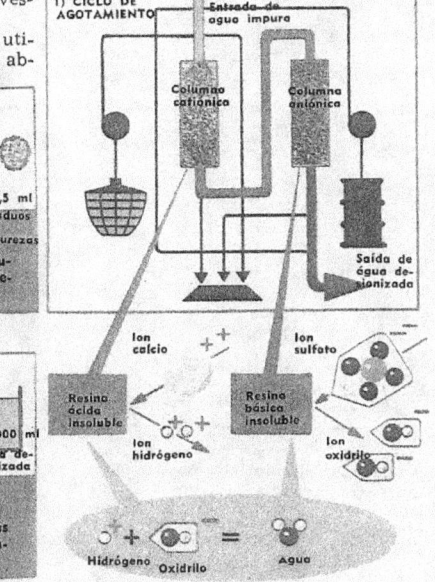

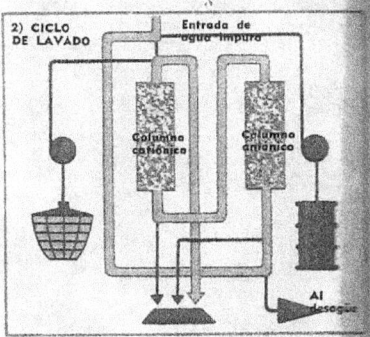

Mientras el desionizador está funcionando (1), los iones metálicos del agua se intercambian, en la columna catiónica, por iones hidrógeno. Los radicales ácidos desplazan iones oxidrilo de la resina iónica. Cuando las resinas están "agotadas", el relleno de las columnas se hace menos compacto, introduciendo agua en sentido contrario (2). Las resinas se regeneran luego (3), haciendo pasar ácido por la columna catiónica y álcali por la aniónica. El exceso de regeneradores se enjuaga con agua (4).

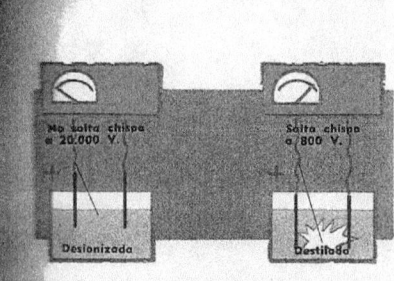

El agua desionizada tiene una resistencia mucho mayor (3.000.000 ohm/cm³.) que el agua destilada normalmente (200.000 ohm/cm³.).

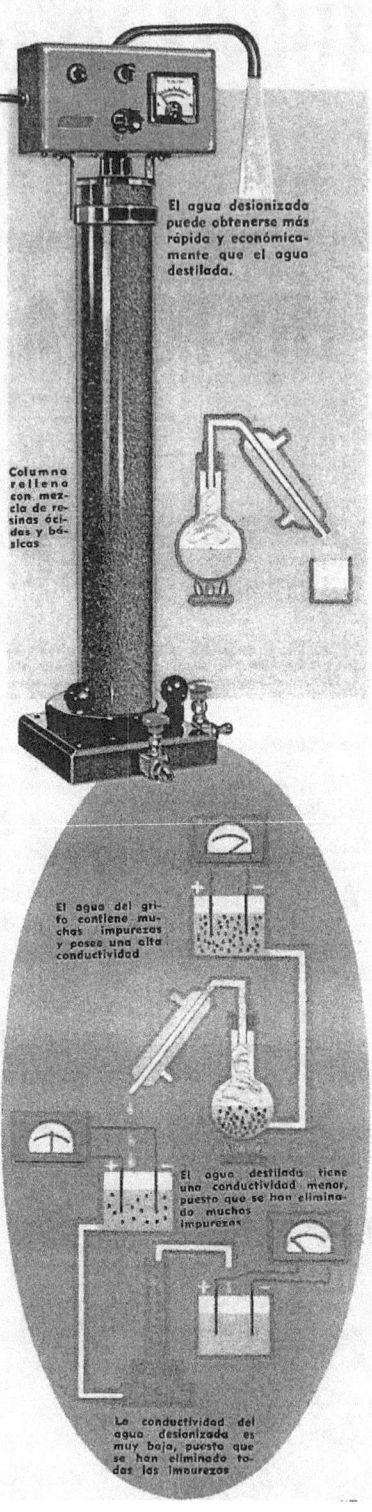

El agua desionizada puede obtenerse más rápida y económicamente que el agua destilada.

Columna rellena con mezcla de resinas ácidas y básicas.

El agua del grifo contiene muchas impurezas y posee una alta conductividad.

El agua destilada tiene una conductividad menor, puesto que se han eliminado muchas impurezas.

La conductividad del agua desionizada es muy baja, puesto que se han eliminado todas las impurezas.

positivamente, tales como el calcio y el magnesio, se intercambian con los iones hidrógeno de la resina. El resultado es que el agua contiene iones hidrógeno, en vez de los iones metálicos. Al mismo tiempo, se forman sales insolubles metálicas de la resina ácida.

En un proceso semejante con la resina alcalina, los iones sulfato y bicarbonato de la disolución se sustituyen por iones oxidrilo de la resina. En esta doble reacción de descomposición, la resina alcalina insoluble se convierte en sales insolubles de los ácidos que corresponden a los radicales ácidos que había en la disolución. Los procesos que tienen lugar en la columna de resina se llaman *desionización*, porque quitan los iones contaminadores y los cambian por iones hidrógeno y oxidrilo, que se combinan instantáneamente para formar agua.

Como los procesos de intercambio iónico son rápidos, la velocidad de paso del agua corriente a través de la columna puede ser bastante rápida. Pero no sólo

El agua muy pura, tal y como se produce en un desionizador bien cargado, contiene muy pocos iones libres, y por ello su conductividad eléctrica es muy pequeña. En contraste, el agua ordinaria del grifo, con una concentración de iones metálicos relativamente grande, posee un índice de conductividad superior. Cuando el agua ordinaria pasa continuamente por una columna de resina, ésta se va haciendo menos eficaz como desionizadora. En consecuencia, la proporción de iones que quedan en el agua que sale de ella es mayor, y, por lo tanto, su conductividad también lo es. Por eso, la calidad del agua desionizada puede comprobarse continuamente midiendo su conductividad.

Cuando la conductividad del agua se hace demasiado alta, la resina agotada ha de sustituirse por resina nueva o se la ha de regenerar. La *regeneración* es el proceso inverso de la desionización del agua. Pasando ácido clorhídrico concentrado por la resina ácida agotada los iones hidrógeno libres en la disolución entran en la resina, en lugar de los iones calcio o magnesio. Igualmente, la resina alcalina se puede regenerar lavándola con una disolución concentrada de hidróxido amónico a través de la columna. En este caso, los iones oxhidrilo desplazan de la resina los iones sulfato y bicarbonato.

En general, el agua desionizada es bastante más pura que la destilada, y esto se puede demostrar pasando agua previamente destilada por una columna cambiadora y observando la reducción de su conductividad.

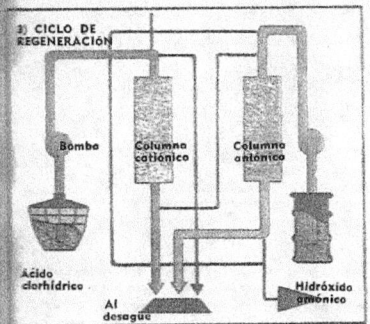

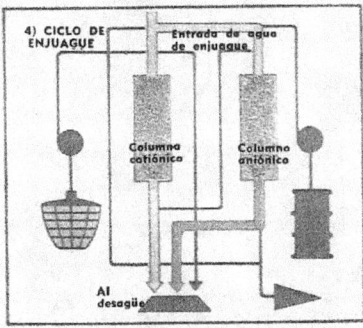

se pueden desionizar rápidamente grandes cantidades de agua, sino que también son mucho más económicas que las cantidades equivalentes de agua destilada. Además, el equipo intercambiador de iones portátil es muy conveniente en sitios alejados, cuando se necesita agua pura. Una unidad completa, capaz de dar 400 litros de agua, pesa sólo 13 kilos, mientras que, para producir la misma cantidad por destilación, hacen falta unos 1.000 kilos de equipo y combustible.

Como el agua desionizada es tan buen aislante (mal conductor), se la puede utilizar en los transformadores, en reemplazo del aislante más convencional: el aceite.

La pureza del agua tratada con resinas cambiadoras ha sido reconocida oficialmente. Se puede utilizar en lugar del agua destilada, cuando se necesite o se prescriba *agua purificada*. Sin embargo, ninguna de las dos es apropiada para inyecciones.

AGUAS-SUB ETRRANEAS-NAPA.

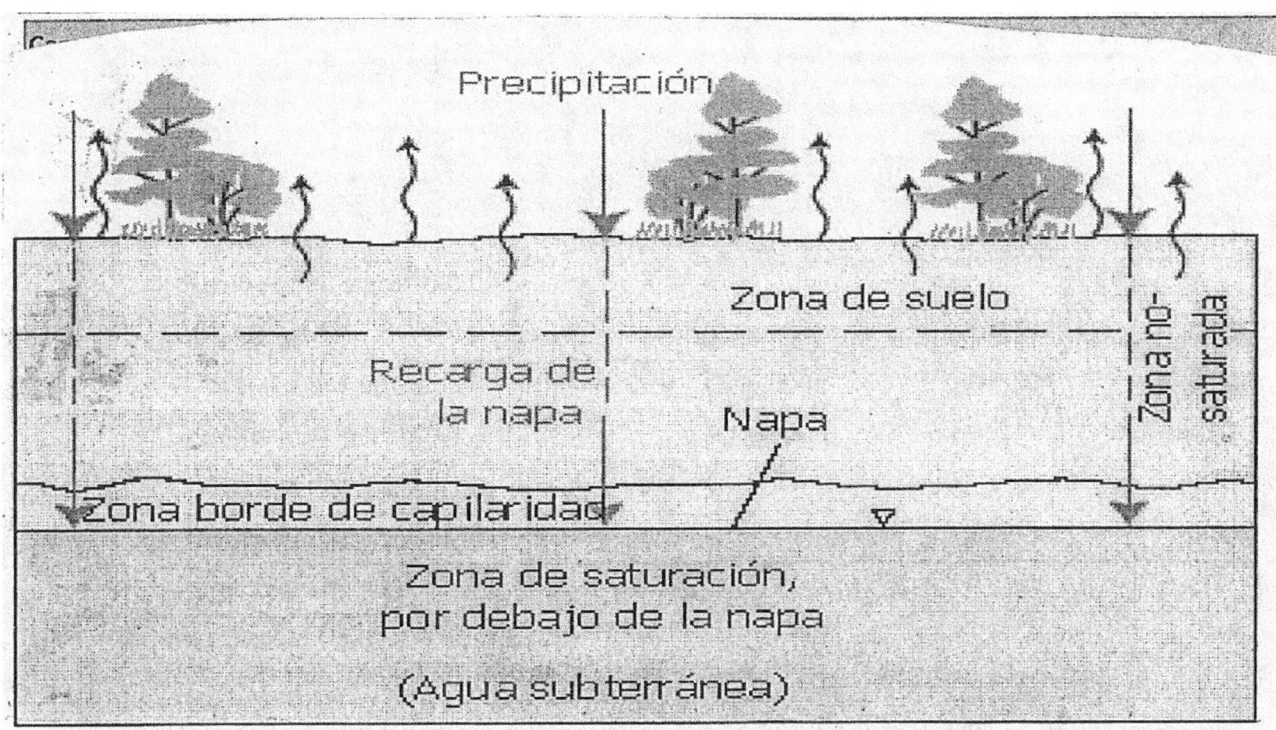

# AGUA SUBTERRANEAS-BOMBAS-POZOS-OSMOSIS.

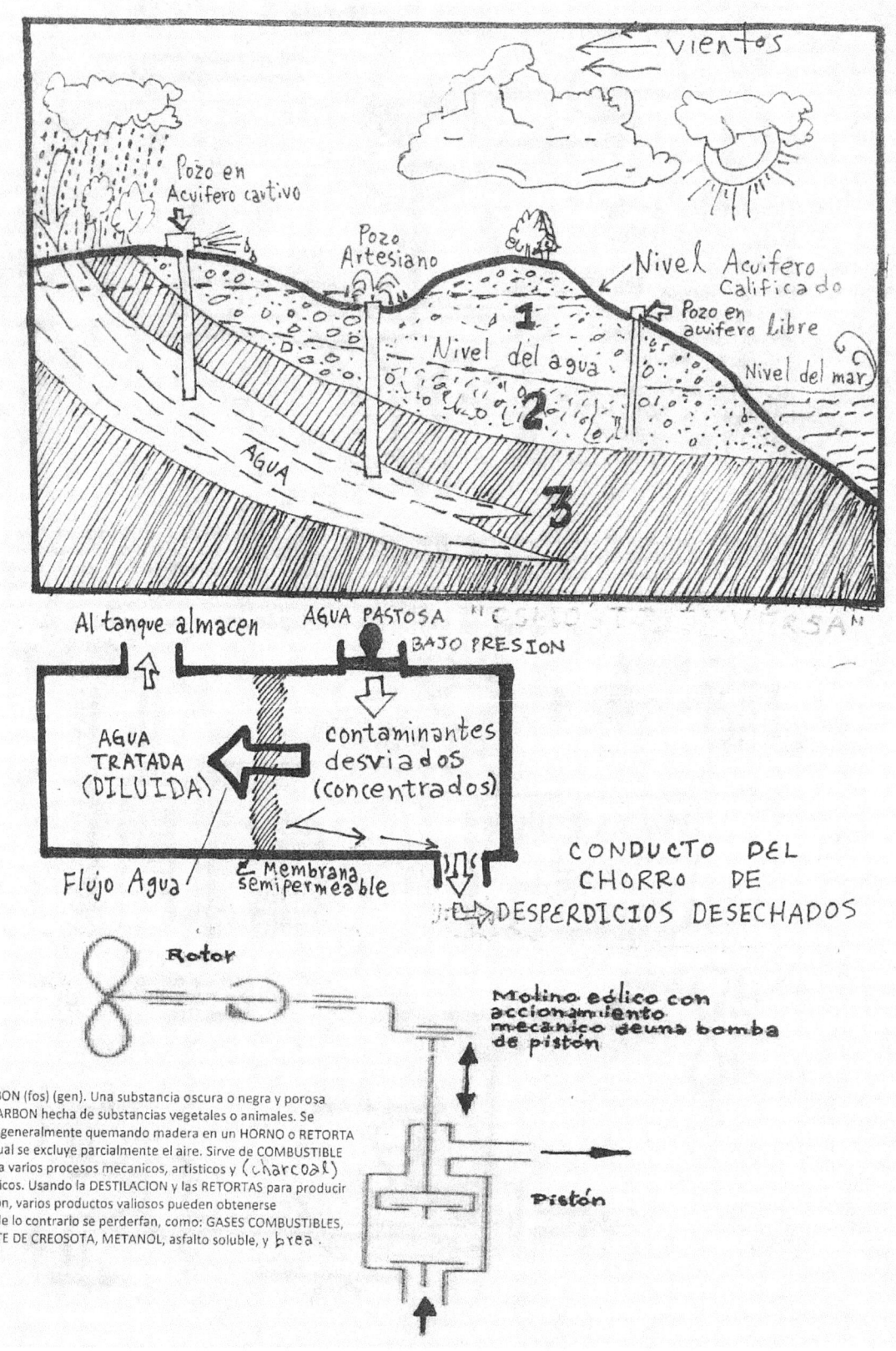

CARBON (fos) (gen). Una substancia oscura o negra y porosa de CARBON hecha de substancias vegetales o animales. Se hace generalmente quemando madera en un HORNO o RETORTA del cual se excluye parcialmente el aire. Sirve de COMBUSTIBLE y para varios procesos mecánicos, artísticos y (charcoal) químicos. Usando la DESTILACION y las RETORTAS para producir carbon, varios productos valiosos pueden obtenerse que de lo contrario se perderían, como: GASES COMBUSTIBLES, ACEITE DE CREOSOTA, METANOL, asfalto soluble, y brea.

# AGUAS SUBTERRANEAS CAPTACION.

Corrientes aluviales. 1. Corrientes trenzadas, 2. Corriente con meandros. Para ambos dibujos, los códigos son: dn. Diques naturales, ca. Canales, ve. Vestigio de meandro, is. Isla de aluvión, la. Lago en medialuna, me meandro.

Modos de transporte de una corriente. Estos son disolución, suspensión y carga de fondo. Formas de erosión en las corrientes - Levantamiento directo. Es el que provoca la turbulencia al colocar carga en suspensión. A mayor velocidad del flujo, mayores diámetros se levantan.- Abrasión. Es el efecto de lija de la carga sobre las paredes y el fondo. Los materiales duros pulen el lecho, mientras los blandos resultan pulidos para explicar los cantos rodados.- Cavitación. Desconchamiento de fragmentos de roca provocado por el hundimiento de vacuolas - colapso de burbujas de vapor en flujos turbulentos que generan presiones entre 100 y 150 atmósferas- en corrientes muy rápidas cuando la presión estática del líquido queda hundida bajo la presión del vapor. En los túneles de carga de los proyectos hidroeléctricos, para evitar la cavitación, suele inyectarse aire bien distribuido a lo largo del flujo. - Impacto y disolución. *Formación de aluviones*. Los principios físicos explican la formación de los depósitos de corriente o aluviones. Para granos de la misma forma la acción de una corriente es función de su densidad y del diámetro y volumen de la partícula. Una partícula se desplazará más lejos cuanto más rápida sea la corriente. Por el escurrimiento de los granos pesados entre los espacios de los cantos mayores, las concentraciones de materiales pesados tienden a ubicarse en el basamento y en sus rugosidades. El tamaño de los granos suele disminuir desde el fondo hacia la superficie.

## CAPTACIÓN DE LAS AGUAS SUBTERRÁNEAS.

Las características principales del suelo que definen la infiltración son la porosidad y la permeabilidad. El agua en el subsuelo se sitúa en diferentes zonas: Zona de saturación: En esta zona, todo el volumen de huecos se encuentra relleno de agua. La zona de saturación se encuentra inmediatamente por encima de alguna capa de suelo impermeable, a través de la que el agua no pude continuar su infiltración. Esta zona es a la que se deberá llegar para efectuar captaciones subterráneas. Zona de aireación: La zona de aireación está constituida a su vez por el manto capilar, la zona seca y por el manto de evaporación. El manto capilar se encuentra ubicado en la zona inmediatamente superior al estrato de saturación. El manto de evaporación, es la zona superior del suelo, donde el agua es retenida por plantas y árboles. Entre el manto de evaporación y el capilar, existe una zona intermedia que tiene poco contenido en agua (zona seca). El límite entre el manto capilar y la zona de saturación, está constituido por una superficie de forma variable, que recibe la denominación de capa freática (nivel freático). En esta superficie la presión del agua es la atmosférica. A partir de la misma y en sentido descendente, las presiones del agua irán aumentando en función de la profundidad que se alcance. La capa freática sufre constantes modificaciones de nivel. En efecto, la capa freática (también freático) no tiene un nivel constante, sino que asciende y desciende en función de las precipitaciones y otras aportaciones de agua que se puedan dar. En la hidrología subterránea se denomina acuífero a aquel estrato o formación geológica que permitiendo la circulación del agua por sus poros o grietas, hace que el hombre pueda aprovecharla en cantidades económicamente apreciables para atender sus necesidades. Hay tres tipos de materiales acuíferos, en función de la permeabilidad: Si ésta se debe a grietas o fisuras, los acuíferos se denominan kársticos o fisurados (calizas, dolomitas, basaltos y granitos). Si ésta es debida a la permeabilidad intergranular, los acuíferos reciben los nombres de porosos y detríticos (gravas y arenas). Cuando es debida a una combinación de las dos anteriores, los acuíferos reciben la denominación de acuíferos mixtos (caloarenitas). Existen otras capas que son capaces de retener agua aunque no tengan un comportamiento similar a las descritas. Un acuincluso se define como aquella formación geológica, que conteniendo agua en su interior, incluso hasta la saturación, no la transmite y, por tanto, no es posible su explotación. El término acuitardo hace referencia a las formaciones geológicas que, conteniendo apreciables cantidades de agua, las transmiten muy lentamente. Por lo tanto son formaciones geológicas no aptas para la obtención de agua. Acuífero libre: Es el acuífero en el que la superficie libre del agua se encuentra por debajo del techo del acuífero y, por lo tanto, está a la presión atmosférica. En éstos acuíferos, al perforar pozos que los atraviesan total o parcialmente, el lugar geométrico definido por los niveles del agua de cada pozo forma una superficie real (capa freática). Acuífero cautivo o confinado: Es el acuífero en el que el agua está sometida a una cierta presión superior a la atmosférica y ocupa la totalidad de los poros o huecos de la formación geológica que la contiene, saturándola totalmente. Por ello, durante la perforación de pozos en acuíferos de este tipo, al atravesar su techo, se observa un ascenso rápido del nivel de agua hasta estabilizarse en una determinada posición (nivel freático). De acuerdo con este nivel y la posición de la cota geométrica del brocal de la perforación, tenemos dos tipos de pozos: surgentes y no surgentes. Como se insiste, en los pozos ordinarios, el agua no se eleva permaneciendo en la parte inferior del agujero perforado: en lo pozos artesianos el agua se eleva hasta una determinada cota por diferencia de presión. Según a que profundidad se encuentre el agua podemos distinguir también dos tipos de pozos: Los pozos superficiales: Que son pozos ordinarios que se suelen realizar, cuando es preciso, en hormigón prefabricado cuando los terrenos donde se excavan están muy sueltos o con piezas circulares metálicas, cuando se trata de suelos rocosos. El agua en estos pozos puede entrar por el fondo o por lo laterales en los que se habrán previsto saeteras o arpilleras. El diámetro de estos pozos varía en función del caudal demandado. Los pozos profundos: Que son pozos donde se hace necesario descender más de 50 metros para captar las aguas subterráneas. En Canarias existen muchos pozos profundos, si se tiene en cuenta que es habitual en las islas descender hasta 300 metros para poder captar las aguas subterráneas. Los pozos profundos se constituyen empleando tubos de acero perforado que se introducen en el terreno con diámetros comprendidos entre pocos centímetros hasta 1 m. Para excavarlos se emplean los sistemas de rotación, percusión y mixto.

# AGUASUBTERRANEAS-COSTA-NUBES

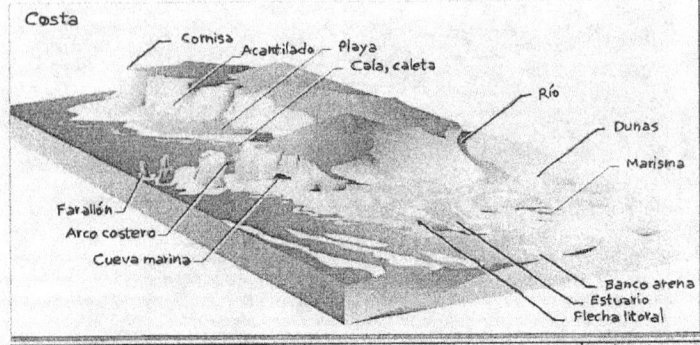

## Costa

La costa es la franja de tierra que está en contacto con el mar. Algunas costas son bajas y están formadas por amplias playas arenosas o zonas pantanosas. Otras costas son altas y presentan acantilados rocosos. La forma de la línea de costa depende de factores como los tipos de rocas presentes, la fuerza de la erosión y los cambios del nivel del mar.

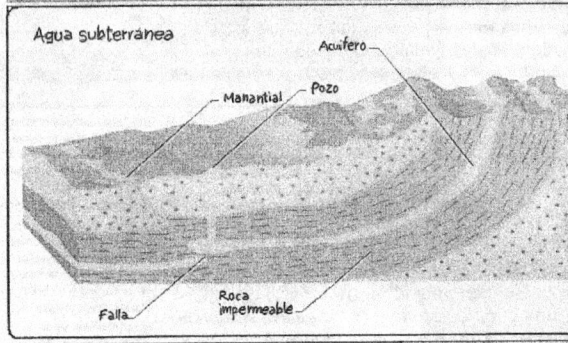

## Agua subterránea

Se denomina agua subterránea al total del agua que se ha infiltrado debajo de la superficie terrestre. Incluye las corrientes subterráneas y el agua de los poros y grietas de las rocas de la corteza terrestre.
Un acuífero es una capa rocosa subterránea, por lo general porosa y permeable, donde se almacenan y fluyen las aguas subterráneas que pueden ser aprovechadas por los manantiales y extraídas por los pozos. La lluvia se infiltra en el suelo debido a la gravedad y llega hasta el nivel freático, por debajo del cual las aguas subterráneas saturan y rellenan todos los minúsculos espacios de las rocas.
Un manantial es una fuente de agua subterránea que aflora de forma natural desde un acuífero. Su existencia depende de la localización del nivel freático, de la topografía y de determinadas propiedades de las rocas.
Un pozo es un profundo orificio que se ha perforado en la tierra para extraer agua, petróleo o gas.

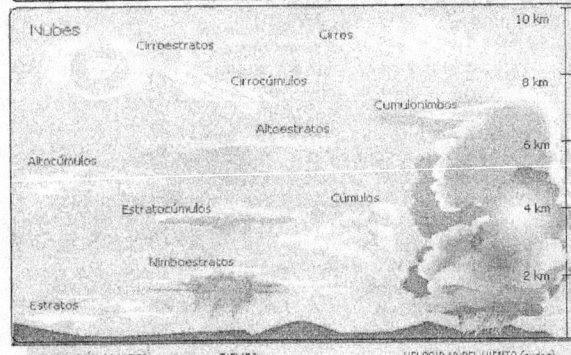

## Nubes

Las nubes están compuestas por minúsculas partículas de agua suspendidas en el aire, que se han condensado en torno a núcleos de polvo, polen, hielo o sal. Aparecen cuando una masa de aire se enfría al ascender y se expansiona. Sus formas dependen de la humedad existente en el aire. Básicamente se reconocen tres formas principales. Los diez tipos de nubes se clasifican según estas formas y su altitud en la atmósfera. Y su análisis y observación pueden servir para predecir el tiempo a corto plazo. Los cirros tienen formas de jirones o plumas. La palabra cirro significa "rizo" en latín. Los estratos están dispuestos en capas delgadas. Los cúmulos forman masas esponjosas. El prefijo alto- corresponde a las nubes de nivel medio. El prefijo y sufijo nimbo (lluvia en latín) se utiliza para las nubes que producen precipitaciones. El prefijo cirro- se utiliza para denominar nubes de gran altitud, aunque ésta varía según la estación y latitud.

## simbolos metereologicos

| PROPORCIÓN DE NUBES | TIEMPO | VELOCIDAD DEL VIENTO (nudos) | ESCALA DE BEAUFORT | VELOCIDAD DEL VIENTO (Km/h) | DENOMINACIÓN DEL VIENTO | SÍMBOLO EN EL MAPA METEOROLÓGICO |
|---|---|---|---|---|---|---|
| 0 | = neblina | sosegado | 0 | menos de 1 | Calma | |
| 1 o menos | ≡ niebla | 1-2 | 1 | 1-5 | Ventolina | |
| 2 | , llovizna | 3-7 | 2 | 6-11 | Muy flojo | |
| 3 | , entre lluvia y llovizna | 8-12 | 3 | 12-19 | Flojo | |
| 4 | · lluvia | 13-17 | 4 | 20-28 | Bonancible | |
| 5 | * lluvia y nieve | por cada medio segmento adicional se añaden 5 nudos | 5 | 29-38 | Fresquito | |
| 6 | * nieve | | 6 | 39-49 | Fresco | |
| 7 o más | | | 7 | 50-61 | Frescachón | |
| 8 (octavos) | | | 8 | 62-74 | Duro | |
| PRESIÓN DEL AIRE | FRENTES | VIENTOS DOMINANTES | 9 | 75-88 | Muy duro | |
| Isobaras a intervalos de 4 mbar | cálido | Las flechas siguen la dirección del viento; cuanto más gruesa sea la flecha, más constante será la dirección del viento | 10 | 89-102 | Temporal | |
| A zona de alta presión | frío | | 11 | 103-117 | Borrasca | |
| B zona de baja presión | ocluido | TEMPERATURA En grados Celsius | 12 | más de 117 | Huracán | |

# AGUA-USOS-ESTADOS.

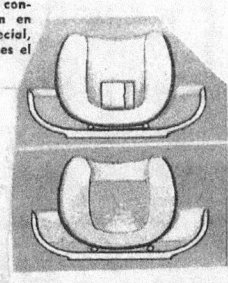

Las moléculas del agua líquida se disponen al azar. Pero, al convertirse en hielo se ordenan en una forma cristalina especial, que ocupa más lugar. Entonces el agua se expande.

Cuando el agua de mar se congela, forma cristales de hielo libres de sal, que al fundirse dan agua potable. La separación se debe a que el agua pura se congela antes que el agua salada. La purificación de sustancias por este método se denomina "crioscopia".

Cuando el agua se infiltra en una roca y luego se congela, su expansión quiebra la piedra. Así se van desmenuzando montañas enteras.

Una patata pelada y ahuecada, con un trozo de azúcar en su cavidad, se coloca en un plato con agua. Ésta asciende gradualmente por "osmosis". La patata actúa como membrana semipermeable, que deja pasar las moléculas de agua pero no las de azúcar. La importancia de la osmosis en los procesos vitales es enorme.

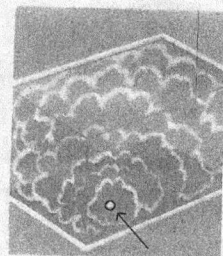
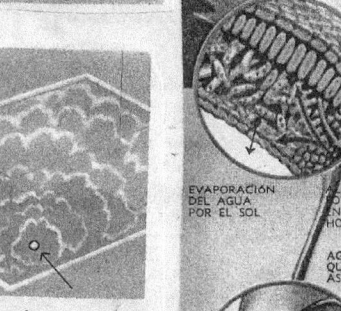

Al congelarse, el agua se dilata con enorme fuerza. Por eso se rompen las cañerías en los países fríos. Muy pocas substancias aumentan de volumen al congelarse: entre ellas se encuentran el plutonio y el bismuto.

Cuando el agua se convierte en vapor su volumen aumenta 1.700 veces si la presión es la del nivel del mar. Esta fuerza de expansión se aprovecha en la máquina de vapor. Así se transforma el calor en energía mecánica.

Si esta gota de agua se transformara en vapor ocuparía un volumen mucho mayor, porque las moléculas de un gas o vapor están más separadas entre sí que las de un líquido. La velocidad molecular aumenta con la temperatura.

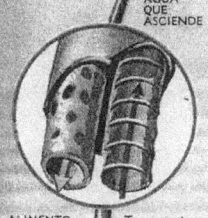

Trayecto: agua, de la raíz a las hojas; alimento, de las hojas a la raíz.

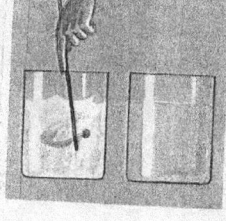
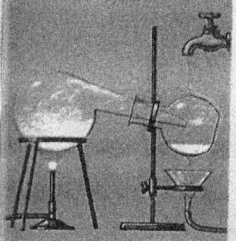

El agua disuelve la mayoría de las substancias, en particular las minerales. No es extraño que un solvente tan eficaz contenga casi siempre impurezas.

Cuando el agua impura hierve, su vapor deja atrás la mayoría de las substancias disueltas en ella. Si se lo enfría y condensa en otro recipiente, se obtiene agua mucho más pura. Este método se llama destilación.

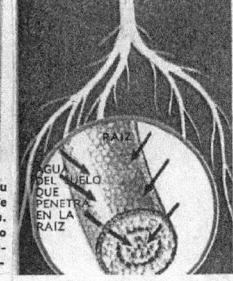

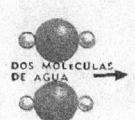
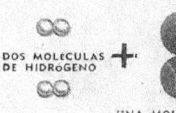

DOS MOLECULAS DE AGUA → DOS MOLECULAS DE HIDRÓGENO + UNA MOLECULA DE OXÍGENO

Dos moléculas de agua se disocian para dar dos moléculas de hidrógeno y una de oxígeno. Esto explica por qué el volumen del hidrógeno es el doble que el del oxígeno. La ecuación química correspondiente se escribe así:

$$2 H_2O = 2 H_2 + O_2$$

ALAMBIQUESOLAR-GEISER.

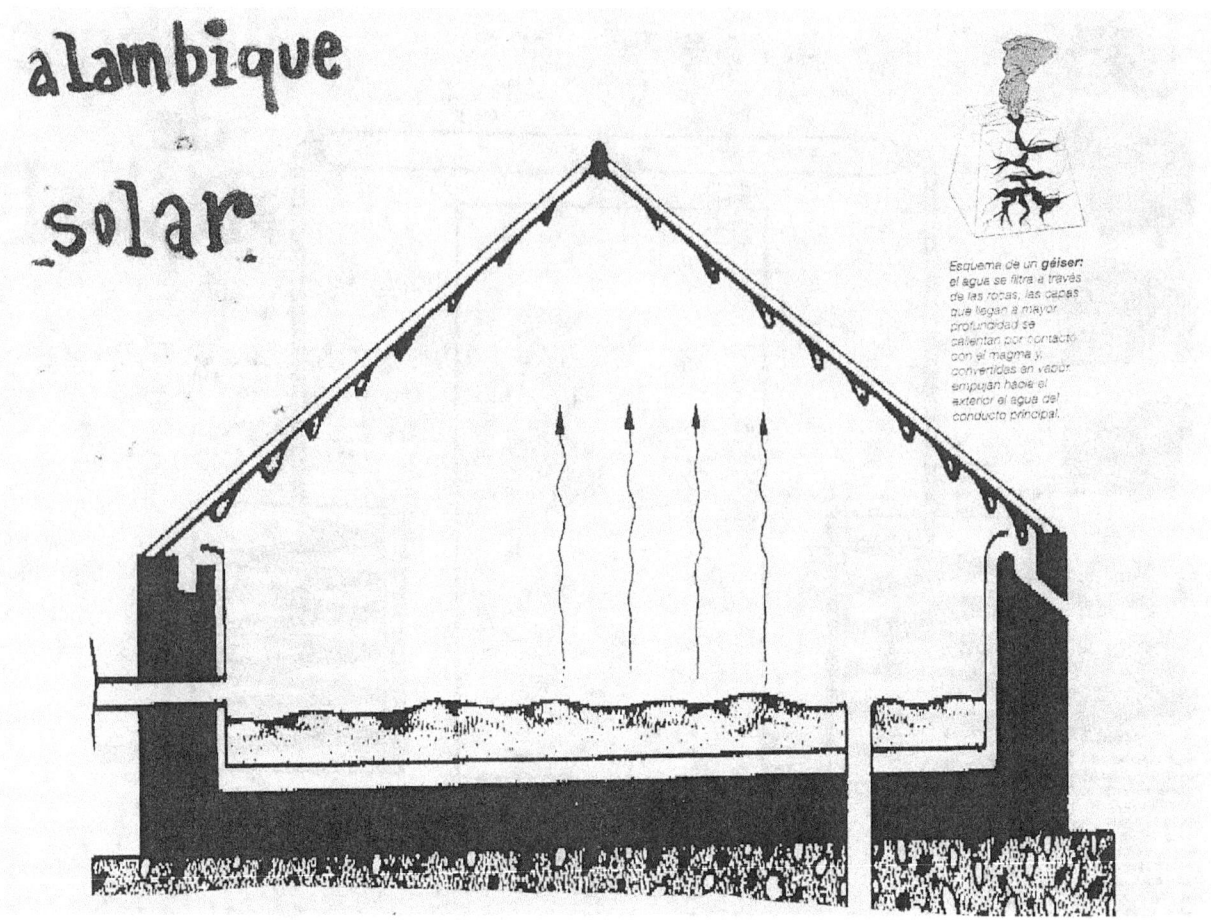

# ARIETE1.

Bomba hidraulica que usa la energia del agua descendiente para levantar parte del agua a una altura (+) elevada.

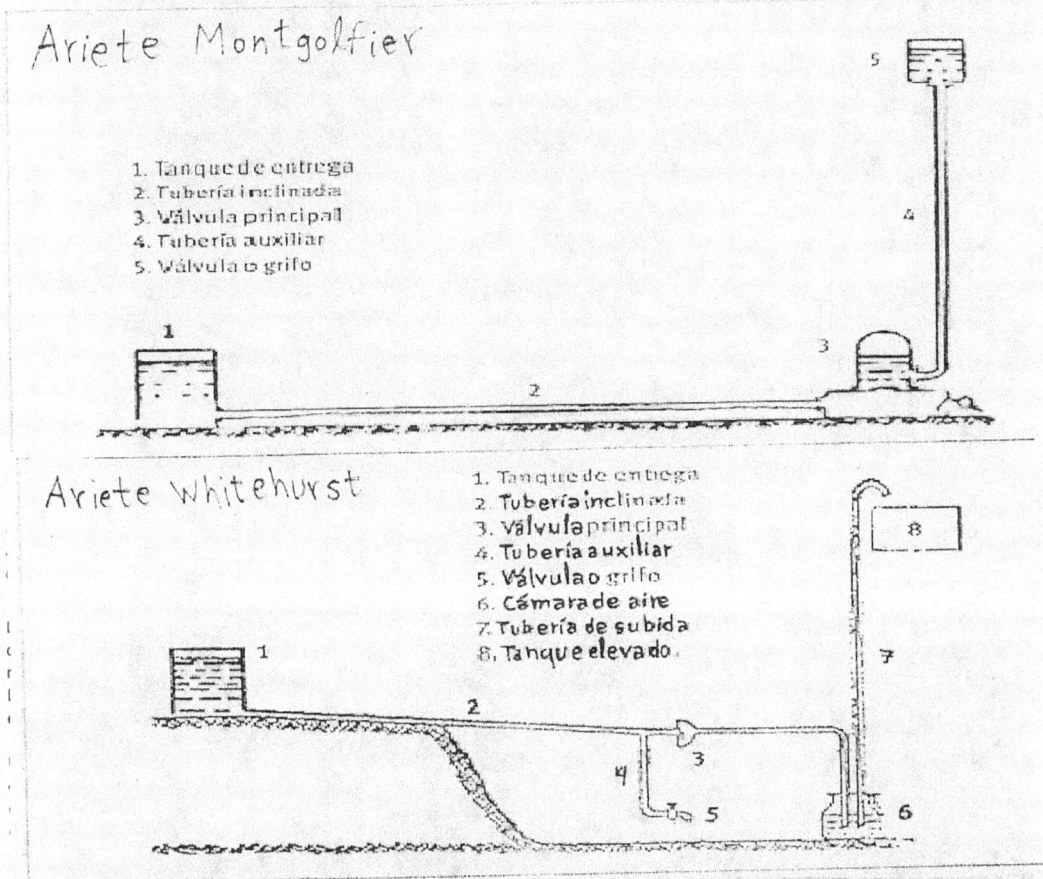

## Ariete Montgolfier

1. Tanque de entrega
2. Tubería inclinada
3. Válvula principal
4. Tubería auxiliar
5. Válvula o grifo

## Ariete Whitehurst

1. Tanque de entrega
2. Tubería inclinada
3. Válvula principal
4. Tubería auxiliar
5. Válvula o grifo
6. Cámara de aire
7. Tubería de subida
8. Tanque elevado

### ¿Qué es el golpe de ariete?

La Física reconoce el fenómeno denominado golpe de ariete o choque hidráulico, que ocurre cuando varía bruscamente la presión de un fluido dentro de una tubería, motivado por el cierre o abertura de una llave, grifo o válvula; también puede producirse por la puesta en marcha o detención de un motor o bomba hidráulica. Durante la fluctuación brusca de la presión el líquido fluye a lo largo de la tubería a una velocidad definida como de propagación de la onda de choque.

El cambio de presión provoca deformaciones elásticas en el líquido y en las paredes de la tubería. Este fenómeno se considera indeseable porque causa frecuentes roturas en las redes hidráulicas de las ciudades y en las instalaciones intradomiciliarias, y también es causante de los sonidos característicos que escuchamos en las tuberías cuando abrimos o cerramos un grifo bruscamente en nuestras casas. Por tal razón, con frecuencia se diseñan válvulas de efecto retardado o se instalan dispositivos de seguridad.

El científico ruso N. Zhukovski (1847-1921) estudió este fenómeno por primera vez en su obra Sobre el choque hidráulico, como parte de sus indagaciones hidroaeromecánicas, que constituyeron la base teórica para la ulterior comprensión del funcionamiento de la bomba de golpe de ariete o ariete hidráulico, lo que demuestra que los fenómenos físicos (y los naturales en general) no deben asumirse como negativos o positivos, sino como leyes que debemos incorporar a nuestro arsenal cognitivo hacia una armónica actuación del hombre en la naturaleza y hacia la plenitud creadora del ser humano.

concibieron diseños que combinaron el ariete con un sifón o una bomba de succión, lo utilizaron como compresor de aire, lo acoplaron con una valvula de impulso operada mecanicamente, lo adaptaron a un motor o un pozo artesiano, lo revistieron de concreto reforzado o readaptado para utilizar la energía de las mareas.

# ARIETE2.

### ¿Qué es el ariete hidráulico?

La bomba de golpe de ariete o ariete hidráulico es un motor hidráulico que utiliza la energía de una cantidad de líquido (comúnmente agua) situada a una altura mayor (el desnivel de un río, presa, acequia u otro depósito o caudal), con el objetivo de elevar una porción de esa cantidad de líquido hasta una altura mayor que la inicial, mediante el empleo del fenómeno físico conocido como golpe de ariete.

El equipo bombea un flujo continuo y funciona ininterrumpidamente sin necesidad de otra fuente de energía. El ariete hidráulico también puede compararse con un transformador eléctrico, ya que éste recibe una tensión baja (en voltios) con una corriente eléctrica relativamente alta (en amperios) y obtiene un régimen de mayor tensión y menor amperaje, y en el caso del ariete ocurre un proceso similar a nivel hidráulico: recibe un gran caudal (Q + q) con una baja carga (H) y obtiene un régimen de mayor presión (h) con un menor caudal (q).

### Principio de funcionamiento

El agua procedente de una fuente de alimentación (1) desciende por gravedad por la tubería de alimentación o impulso (2) bajo la acción del desnivel en relación con el ariete hidráulico (H), con un caudal determinado (Q + q), y se derrama al exterior del cuerpo o caja de válvulas (3) del ariete en una cantidad (Q) hasta adquirir una velocidad suficiente para que la presión dinámica cierre la válvula de impulso o ímpetu (4).

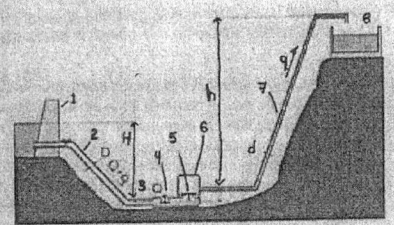

El cierre brusco de esta válvula produce el efecto conocido como golpe de ariete, lo cual origina una sobrepresión en la tubería de alimentación que provoca la apertura de la válvula de retención (5), que permite el paso del agua hacia el interior de la cámara de aire (6), provoca la compresión del aire existente y cierta cantidad de agua (q) asciende por la tubería de bombeo o descarga (7). En ese instante se produce una ligera succión en el cuerpo o caja de válvulas que provoca una disminución de la presión, la apertura de la válvula de impulso y el cierre de la válvula de retención. De esta forma se crean las condiciones para que el proceso se convierta en cíclico, con el consiguiente ascenso de una columna estable de agua hacia el tanque elevado (8), mediante la tubería de bombeo.

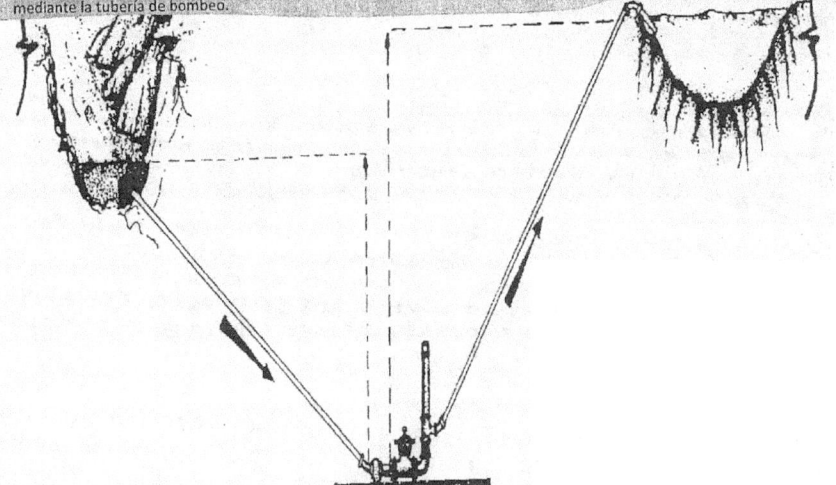

# BOMBA-DE-INERCIA.

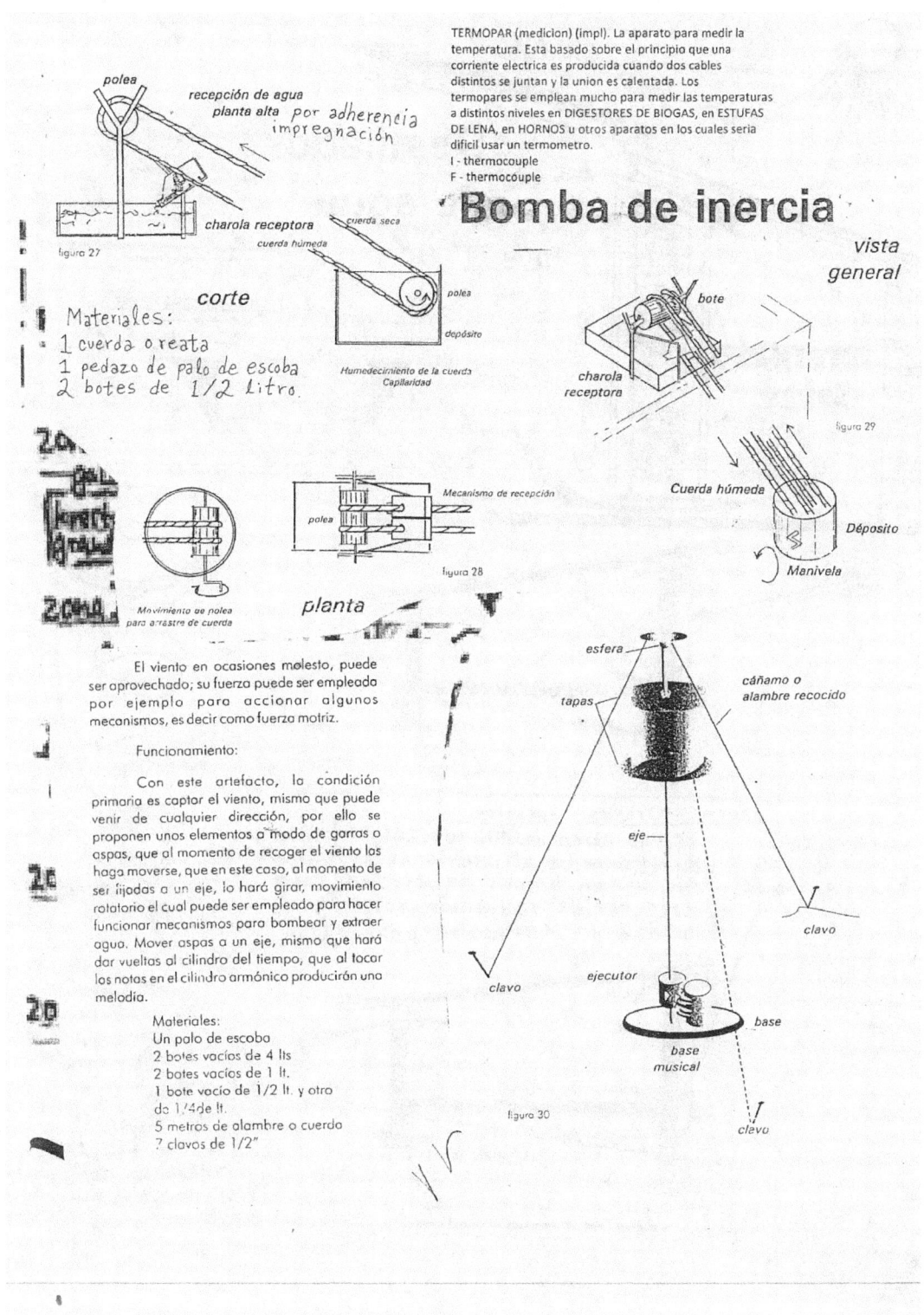

TERMOPAR (medicion) (impl). La aparato para medir la temperatura. Esta basado sobre el principio que una corriente electrica es producida cuando dos cables distintos se juntan y la union es calentada. Los termopares se emplean mucho para medir las temperaturas a distintos niveles en DIGESTORES DE BIOGAS, en ESTUFAS DE LEÑA, en HORNOS u otros aparatos en los cuales seria dificil usar un termometro.
I - thermocouple
F - thermocouple

Materiales:
1 cuerda o reata
1 pedazo de palo de escoba
2 botes de 1/2 litro.

El viento en ocasiones molesto, puede ser aprovechado; su fuerza puede ser empleada por ejemplo para accionar algunos mecanismos, es decir como fuerza motriz.

Funcionamiento:

Con este artefacto, la condición primaria es captar el viento, mismo que puede venir de cualquier dirección, por ello se proponen unos elementos a modo de garras o aspas, que al momento de recoger el viento los haga moverse, que en este caso, al momento de ser fijadas a un eje, lo hará girar, movimiento rotatorio el cual puede ser empleado para hacer funcionar mecanismos para bombear y extraer agua. Mover aspas a un eje, mismo que hará dar vueltas al cilindro del tiempo, que al tocar las notas en el cilindro armónico producirán una melodía.

Materiales:
Un palo de escoba
2 botes vacíos de 4 lts
2 botes vacíos de 1 lt.
1 bote vacío de 1/2 lt. y otro de 1/4 de lt.
5 metros de alambre o cuerda
7 clavos de 1/2"

## BOMBA-ÉMBOLO.

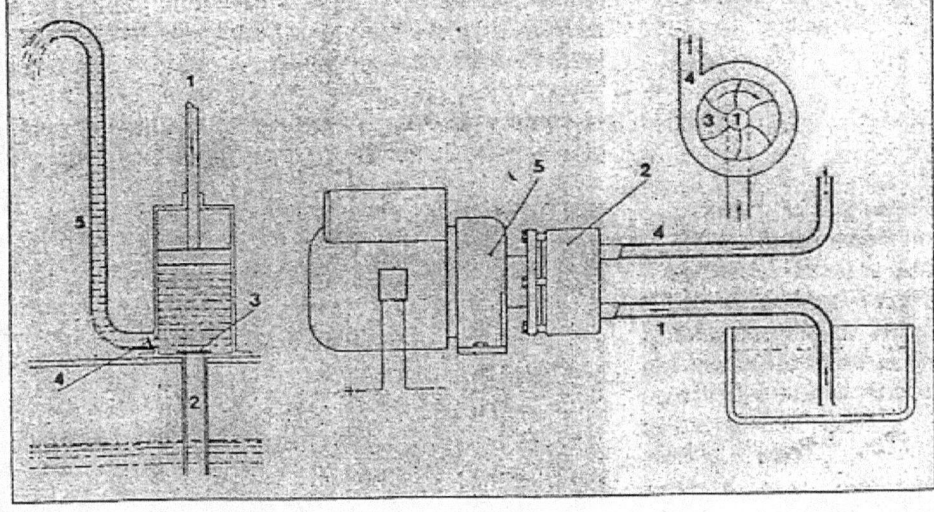

Abajo a la izquierda, **bomba** de émbolo. Al subir el émbolo (1) succiona el líquido a través del conducto de entrada (2); la válvula (3) permanece abierta y la (4) cerrada. Al bajar, lo bombea por el conducto de salida (5); ahora la válvula (3) está cerrada y la (4) abierta. A la derecha, bomba centrífuga: 1) conducto de entrada; 2) cámara en la que gira el rotor de paletas (3); 4) conducto de salida; 5) motor.

# BOMBAS1.

Bombus = ruido o zumbido. Extraer, elevar o inyectar agua, líquidos o gaseosos; dar presión, extracción y transporte.

**Bomba centrifuga:** El fluido es bombeado a una cámara central donde actúa un juego de alabes que giran y descargan el líquido.

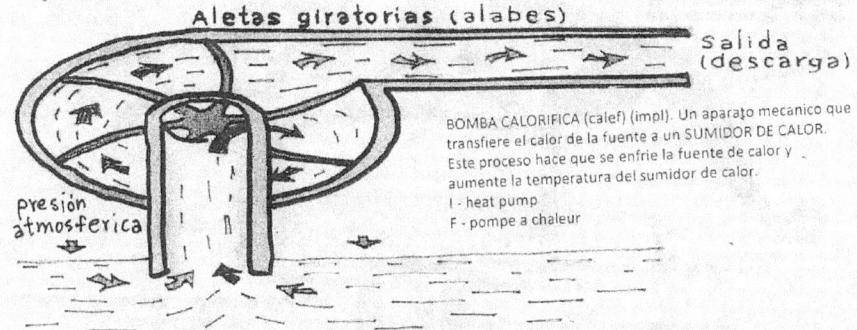

BOMBA CALORIFICA (calef) (impl). Un aparato mecánico que transfiere el calor de la fuente a un SUMIDOR DE CALOR. Este proceso hace que se enfríe la fuente de calor y aumente la temperatura del sumidor de calor.
I - heat pump
F - pompe a chaleur

**Bomba de vacio:** El vapor entra en el caño y pasa a través de una sección angosta perforada con orificios. Ese estrechamiento determina que la presión se reduzca y el aire del tanque sea aspirado por el caño. La mezcla de aire y vapor abandona la cañería y así el aire es gradualmente bombeado fuera del tanque.

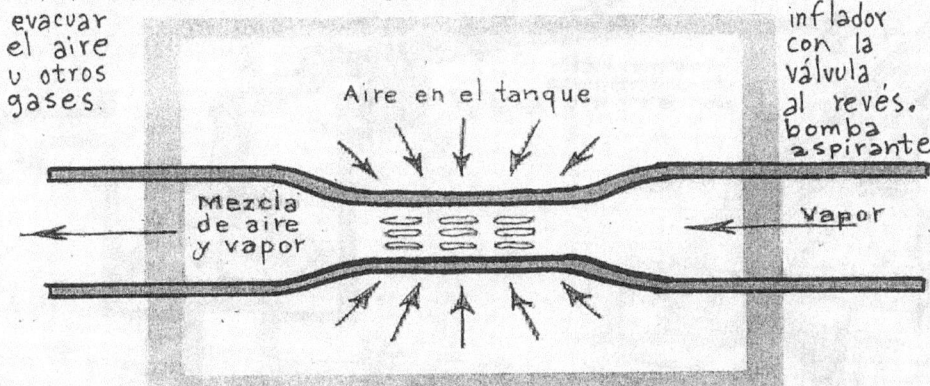

BOMBA ASPIRANTE E IMPELENTE (oel). Un tipo de bomba de agua que se usa mucho con los MOLINOS DE VIENTO. Se aplica presión y movimiento al agua con un pistón que sube y baja en un CILINDRO. El molino de viento acciona el pistón.
I - reciprocating pump
F - pompe alternative

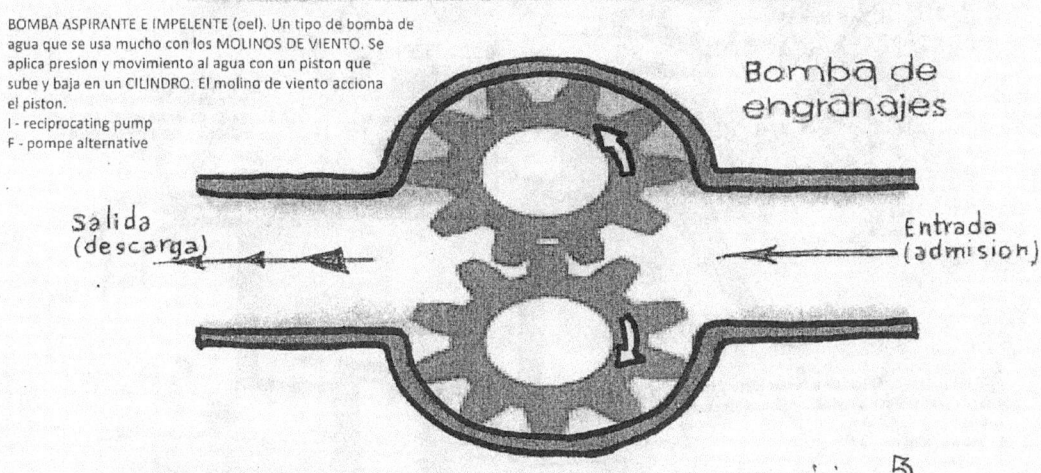

**Bomba aspirante:** Este tipo de bomba es el generalmente utilizado en pozos de agua. prox. página

BOMBAS2.

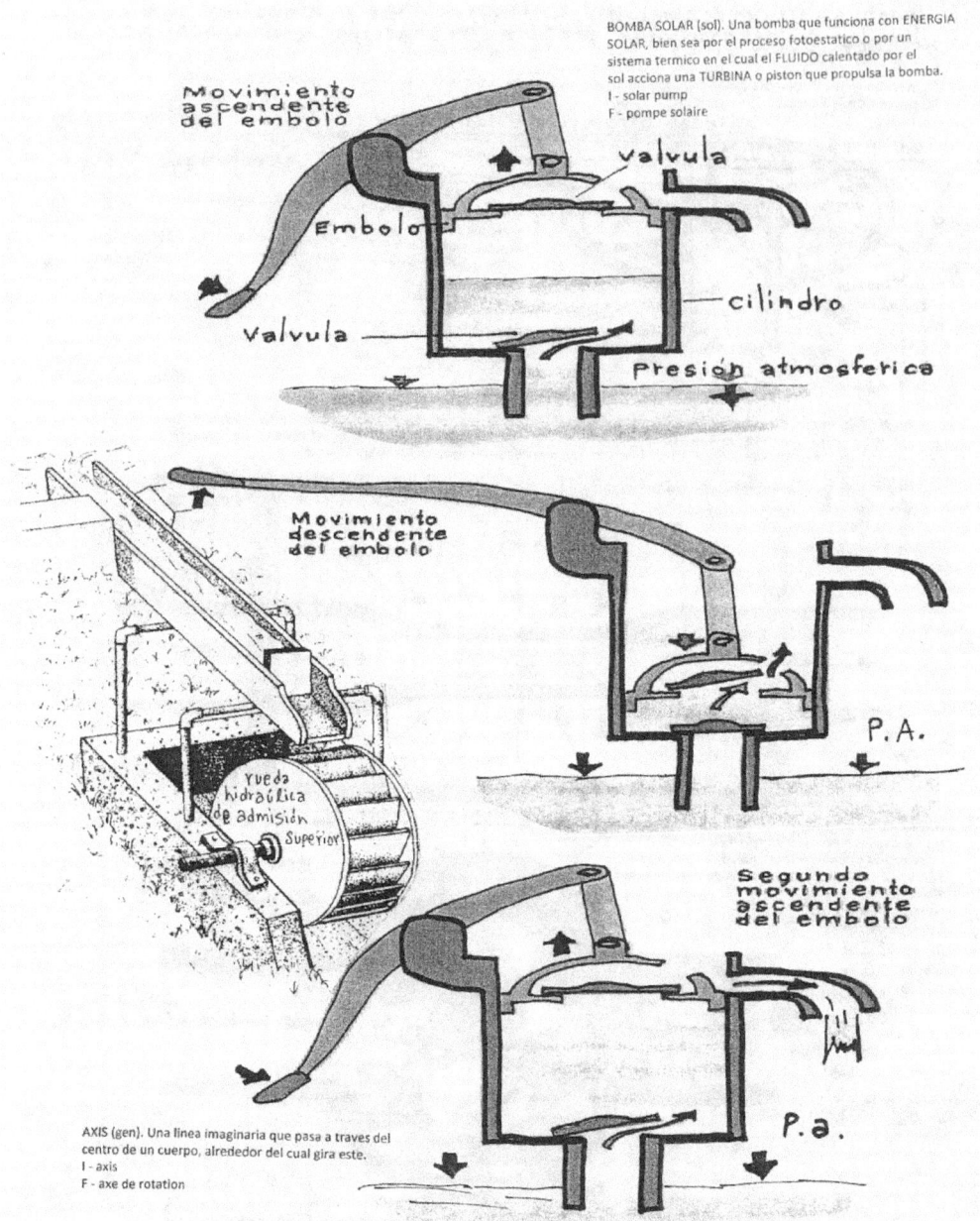

BOMBA SOLAR (sol). Una bomba que funciona con ENERGIA SOLAR, bien sea por el proceso fotoestatico o por un sistema termico en el cual el FLUIDO calentado por el sol acciona una TURBINA o piston que propulsa la bomba.
I - solar pump
F - pompe solaire

AXIS (gen). Una linea imaginaria que pasa a traves del centro de un cuerpo, alrededor del cual gira este.
I - axis
F - axe de rotation

# BOMBAS3.

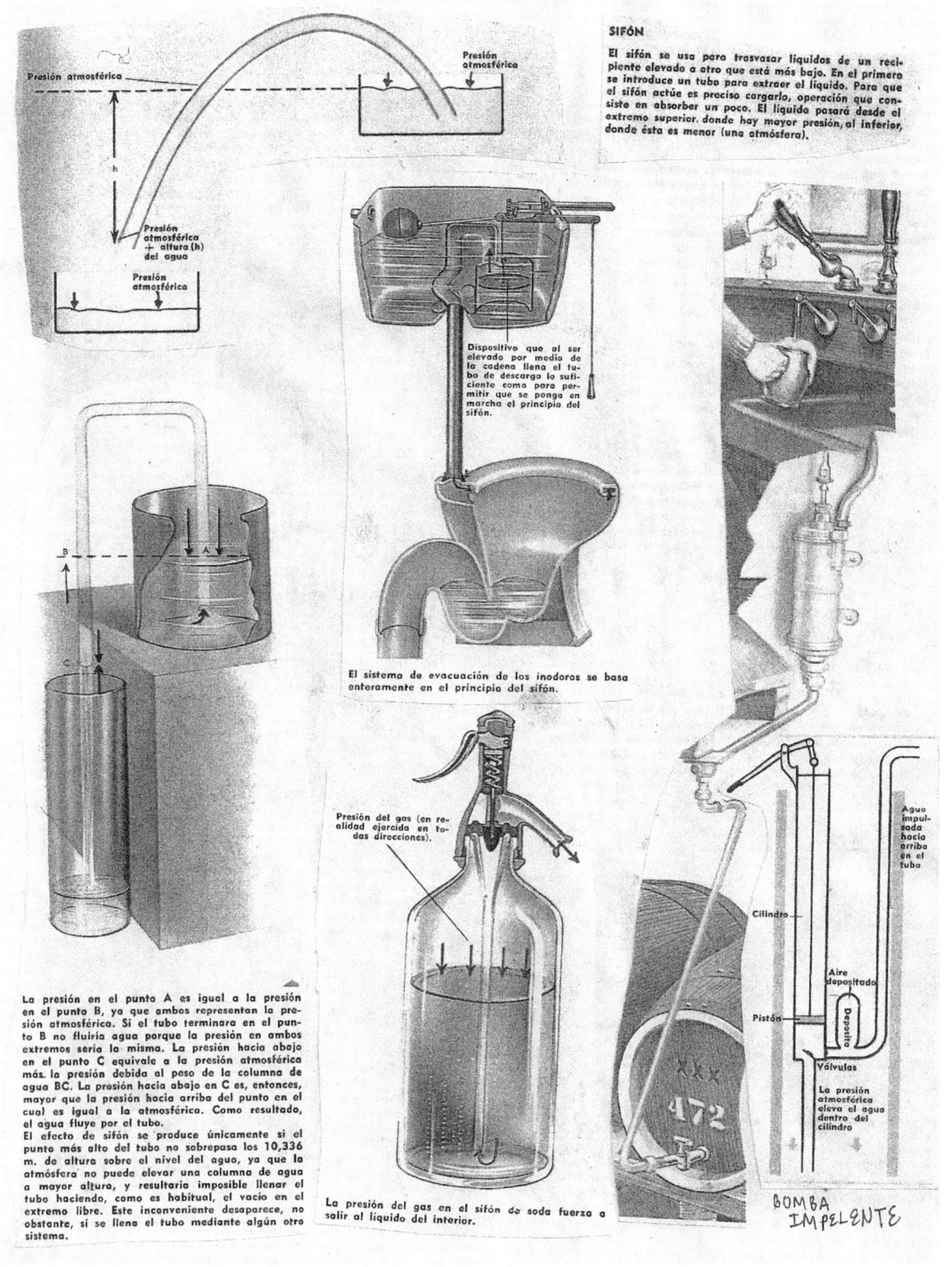

### SIFÓN

El sifón se usa para trasvasar líquidos de un recipiente elevado a otro que está más bajo. En el primero se introduce un tubo para extraer el líquido. Para que el sifón actúe es preciso cargarlo, operación que consiste en absorber un poco. El líquido pasará desde el extremo superior, donde hay mayor presión, al inferior, donde ésta es menor (una atmósfera).

Dispositivo que al ser elevado por medio de la cadena llena el tubo de descarga lo suficiente como para permitir que se ponga en marcha el principio del sifón.

El sistema de evacuación de los inodoros se basa enteramente en el principio del sifón.

La presión en el punto A es igual a la presión en el punto B, ya que ambos representan la presión atmosférica. Si el tubo terminara en el punto B no fluiría agua porque la presión en ambos extremos sería la misma. La presión hacia abajo en el punto C equivale a la presión atmosférica más la presión debida al peso de la columna de agua BC. La presión hacia abajo en C es, entonces, mayor que la presión hacia arriba del punto en el cual es igual a la atmosférica. Como resultado, el agua fluye por el tubo.

El efecto de sifón se produce únicamente si el punto más alto del tubo no sobrepasa los 10,336 m. de altura sobre el nivel del agua, ya que la atmósfera no puede elevar una columna de agua a mayor altura, y resultaría imposible llenar el tubo haciendo, como es habitual, el vacío en el extremo libre. Este inconveniente desaparece, no obstante, si se llena el tubo mediante algún otro sistema.

Presión del gas (en realidad ejercida en todas direcciones).

La presión del gas en el sifón de soda fuerza a salir al líquido del interior.

Cilindro
Aire depositado
Pistón
Depósito
Válvulas
Agua impulsada hacia arriba en el tubo
La presión atmosférica eleva el agua dentro del cilindro

BOMBA IMPELENTE

# BOMBAS4.

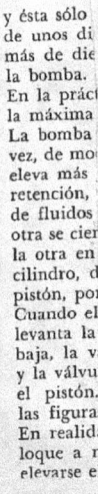
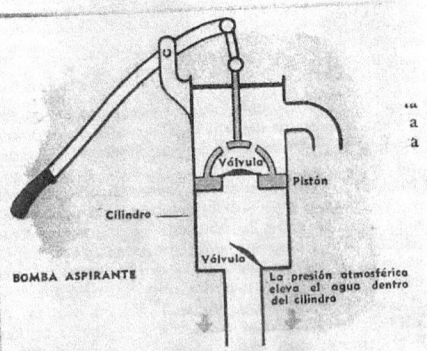

y ésta sólo
de unos di
más de die
la bomba.
En la práct
la máxima
La bomba
vez, de mo
eleva más
retención,
de fluidos
otra se cier
la otra en
cilindro, d
pistón, por
Cuando el
levanta la
baja, la v
y la válvul
el pistón.
las figuras
En realida
loque a n
elevarse el

## BOMBAS

Las bombas funcionan en virtud del principio según el cual la presión atmosférica ejercida sobre la superficie del agua es capaz de equilibrar una columna de agua a 10,33 m. de altura. En la bomba aspirante la presión atmosférica puede elevar el agua a dicha altura desde bajo tierra (pero debido a las imperfecciones de la bomba, en la práctica la distancia es de unos 8 metros). La bomba impelente se usa para distancias superiores a 8 m. La presión del aire eleva el agua al cilindro (situado bajo tierra dentro de los 8 m. de la superficie del agua). El agua es impulsada hacia arriba hasta el resto de su trayecto.

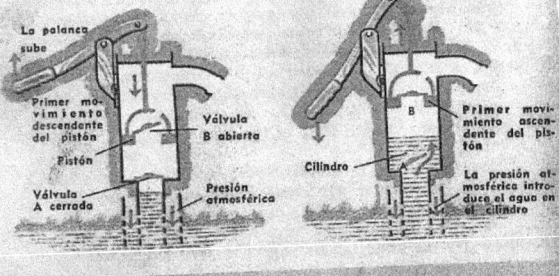

### BOMBA ASPIRANTE

El primer movimiento descendente del pistón eleva la presión del aire en el interior del cilindro. Se cierra la válvula A y se abre la válvula B. A medida que el pistón desciende, el aire escapa a través de la válvula B. El siguiente movimiento ascendente del pistón hace descender la presión en el interior del cilindro. La presión exterior cierra la válvula B y empuja el agua que penetra abriendo, de esta manera, la válvula A.

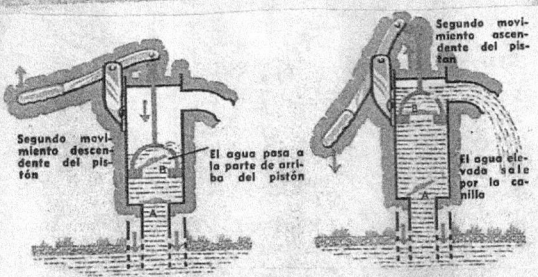

El segundo movimiento descendente del pistón cierra la válvula A y el agua no tiene más salida que por B. A medida que el pistón desciende el agua se va acumulando encima de él. El segundo movimiento ascendente del pistón hace nuevamente descender la presión en el interior del cilindro. La presión exterior cierra la válvula B y nuevamente hace entrar agua a través de la válvula A. El agua ubicada encima del pistón es levantada y sale por la canilla. El movimiento ascendente del pistón corresponde al descendente de la palanca, y el agua sale al bajar ésta.

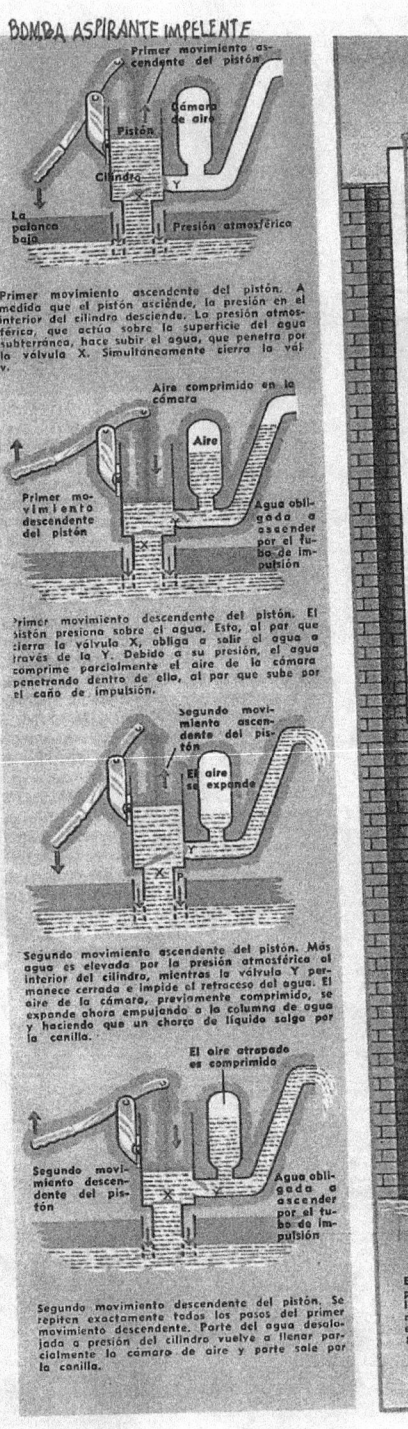

Primer movimiento ascendente del pistón. A medida que el pistón asciende, la presión en el interior del cilindro desciende. La presión atmosférica, que actúa sobre la superficie del agua subterránea, hace subir el agua, que penetra por la válvula X. Simultáneamente cierra la válvula Y.

Primer movimiento descendente del pistón. El pistón presiona sobre el agua. Esto, al par que cierra la válvula X, obliga a salir el agua a través de la Y. Debido a su presión, el agua comprime parcialmente el aire de la cámara penetrando dentro de ello, al par que sube por el caño de impulsión.

Segundo movimiento ascendente del pistón. Más agua es elevada por la presión atmosférica al interior del cilindro, mientras la válvula Y permanece cerrada e impide el retroceso del agua. El aire de la cámara, previamente comprimido, se expande ahora empujando a la columna de agua y haciendo que un chorro de líquido salga por la canilla.

Segundo movimiento descendente del pistón. Se repiten exactamente todos los pasos del primer movimiento descendente. Parte del agua desalojada a presión del cilindro vuelve a llenar parcialmente la cámara de aire y parte sale por la canilla.

Bomba aspirante impelente. El cuerpo de la bomba es subterráneo ya que no puede encontrarse a más de 8 metros del agua.

# BOMBASAIRE.

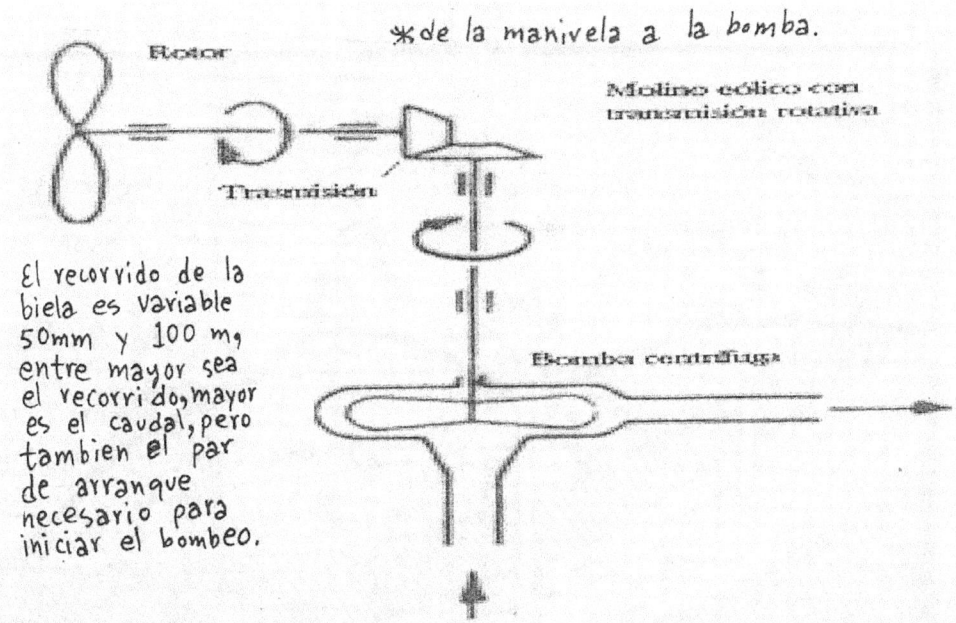

* de la manivela a la bomba.

El recorrido de la biela es variable 50mm y 100m, entre mayor sea el recorrido, mayor es el caudal, pero tambien el par de arranque necesario para iniciar el bombeo.

La conexión del movimiento del eje a la bomba se realiza mediante un mecanismo de biela manivela montado directamente sobre el eje del rotor que produce un desplazamiento oscilante en sentido vertical del émbolo. Los rodamientos de la biela son de doble anillo obturador. El eje de transmisión está montado sobre rodamientos de rodillos cónicos, configuración en X (frente a frente) soportados en una camisa con bridas que sostienen los rodamientos en su sitio y permite el sellado de la camisa para retener el aceite mediante sellos de caucho (retenedores), la lubricación es por salpique facilitando el mantenimiento y mejorando la eficiencia eólica. Unida a la biela se encuentra la varilla de actuacion que transmite el movimiento vaiven*

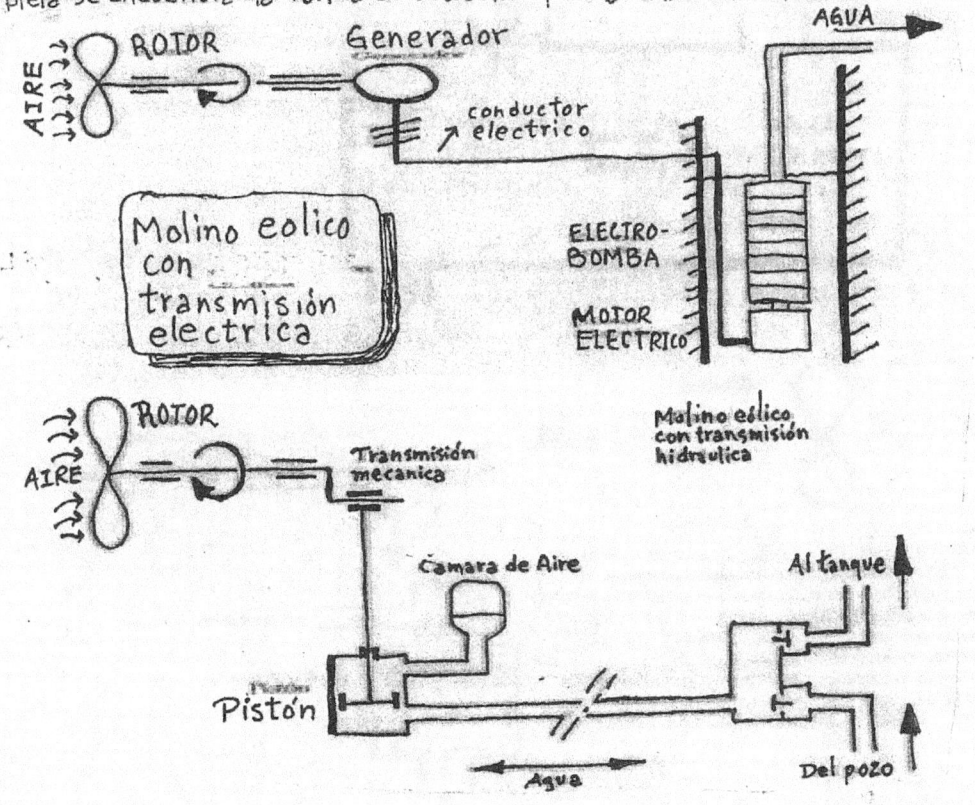

## BOMBAS-AIRE.

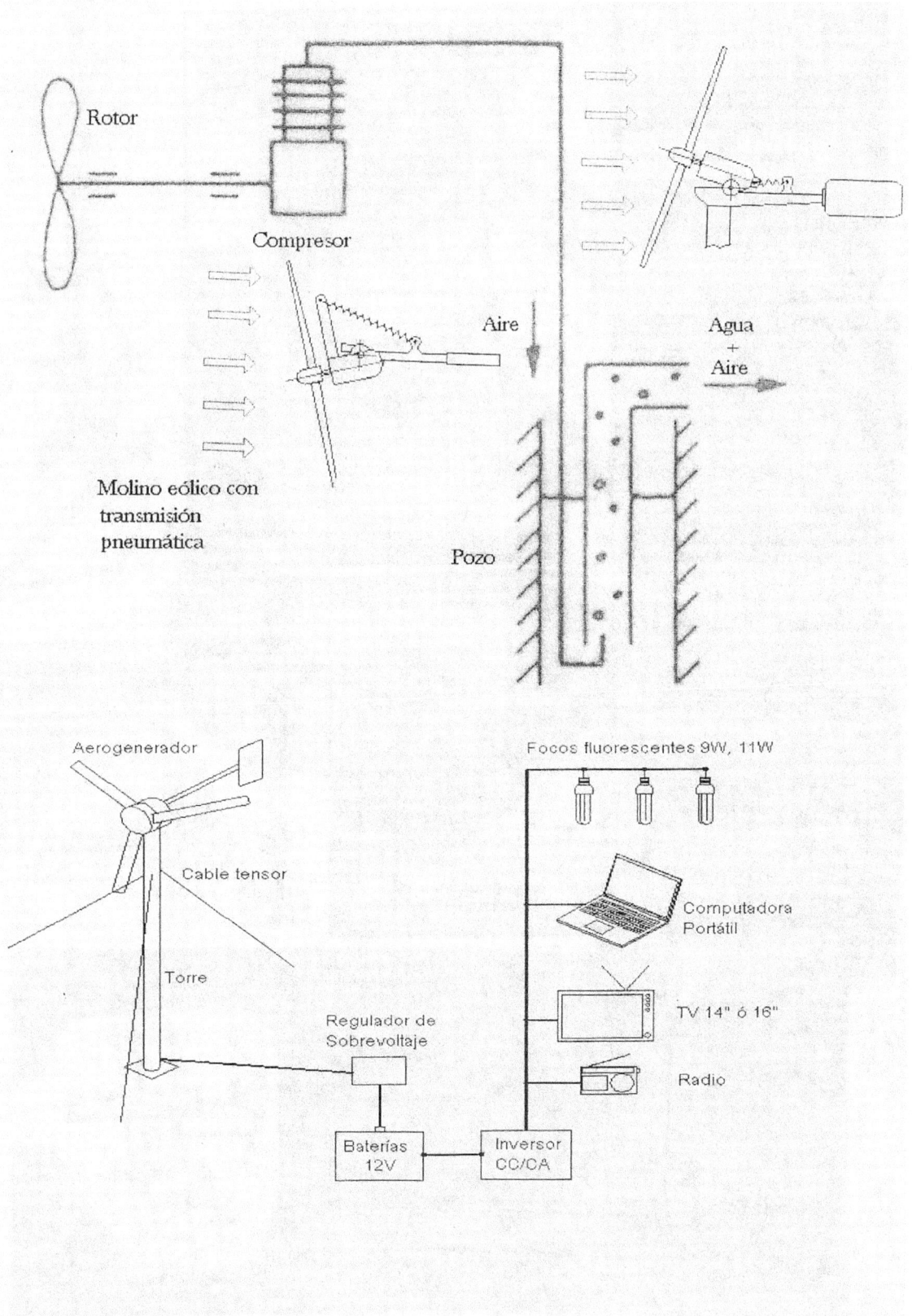

# BOMBASLAZO1.

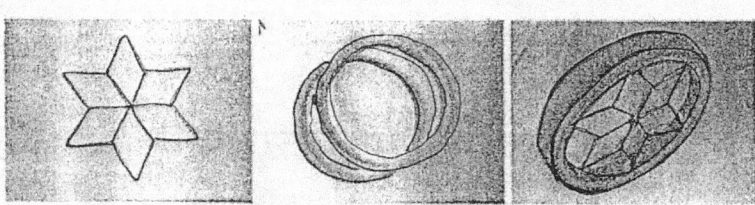

Fig. 4. Una forma de asumir el diseño de la polea motriz: En el centro de los rayos, en forma de estrella, se suelda el buje, y en las puntas, las grapas, en las cuales se colocan las pestañas de neumáticos deteriorados, unidas de forma invertida.

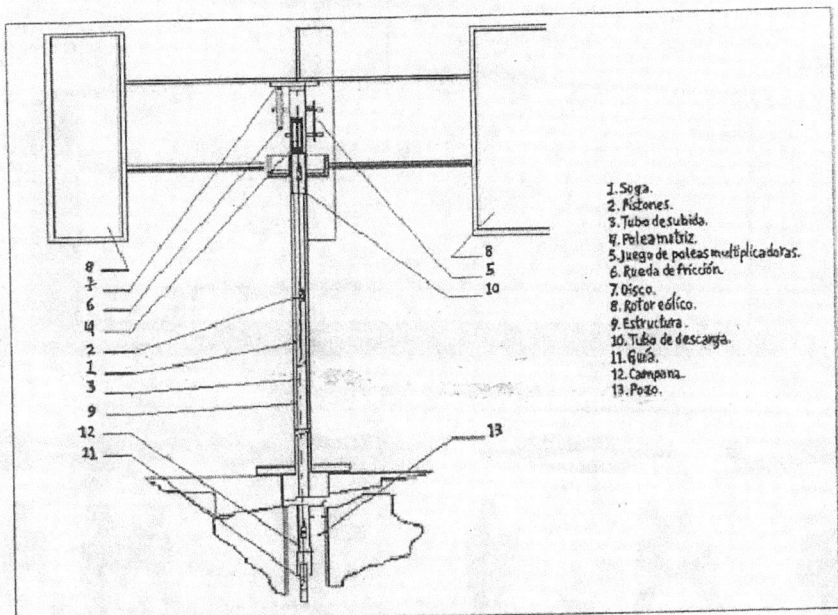

1. Soga.
2. Pistones.
3. Tubo de subida.
4. Polea matriz.
5. Juego de poleas multiplicadoras.
6. Rueda de fricción.
7. Disco.
8. Rotor eólico.
9. Estructura.
10. Tubo de descarga.
11. Guía.
12. Campana.
13. Pozo.

Fig. 14. Diseño de molino de viento, de eje vertical, con bomba de soga.

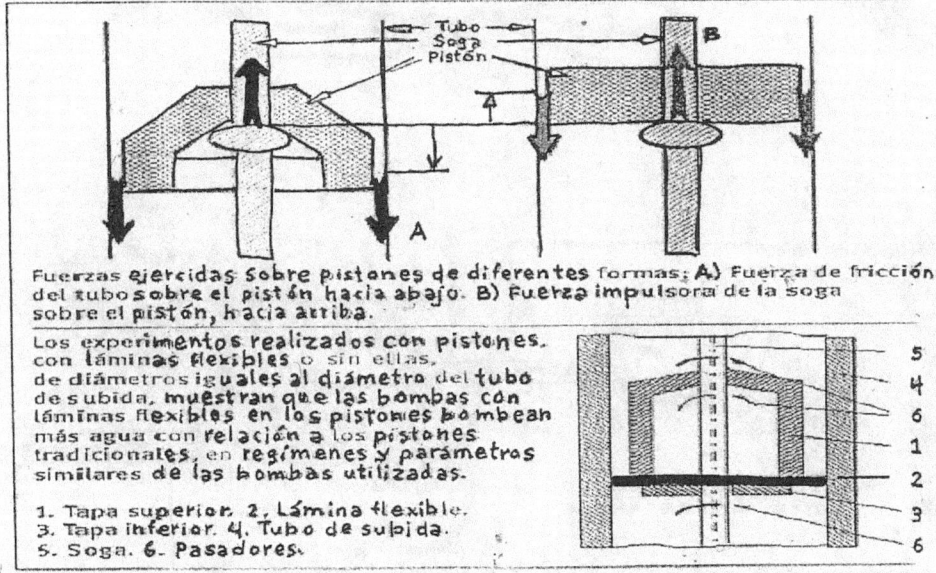

Fuerzas ejercidas sobre pistones de diferentes formas; A) Fuerza de fricción del tubo sobre el pistón hacia abajo. B) Fuerza impulsora de la soga sobre el pistón, hacia arriba.

Los experimentos realizados con pistones, con láminas flexibles o sin ellas, de diámetros iguales al diámetro del tubo de subida, muestran que las bombas con láminas flexibles en los pistones bombean más agua con relación a los pistones tradicionales, en regímenes y parámetros similares de las bombas utilizadas.

1. Tapa superior. 2. Lámina flexible.
3. Tapa inferior. 4. Tubo de subida.
5. Soga. 6. Pasadores.

Fig. 5. Parámetros de los pistones utilizados en la bomba de soga.

# BOMBASLAZO2.

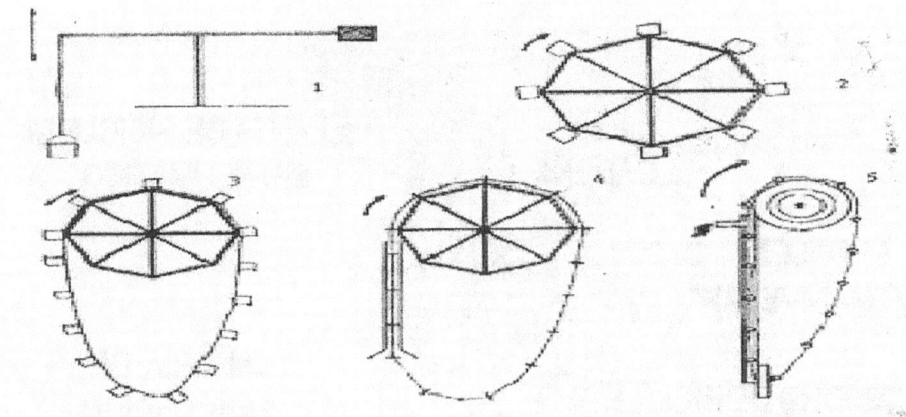

1. Shaduf o cigoñal. 2. Noria. 3. Noria con cadena. 4. Bomba de cadena. 5. Bomba de soga.

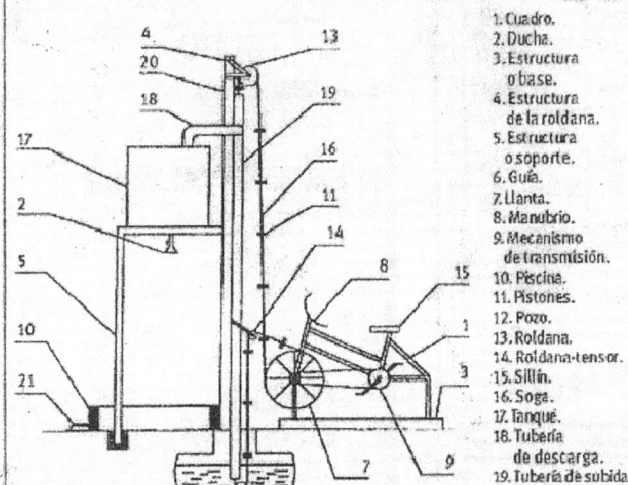

1. Cuadro.
2. Ducha.
3. Estructura o base.
4. Estructura de la roldana.
5. Estructura o soporte.
6. Guía.
7. Llanta.
8. Manubrio.
9. Mecanismo de transmisión.
10. Piscina.
11. Pistones.
12. Pozo.
13. Roldana.
14. Roldana-tensor.
15. Sillín.
16. Soga.
17. Tanque.
18. Tubería de descarga.
19. Tubería de subida.
20. Tubería de desagüe.
21. Viga-soporte.

Fig. Componentes de un modelo de bicibomba.

Fig. Guía superior construida con un aislador eléctrico y fijada al poste de una bicibomba, con descarga a un tanque elevado.

1. Apertura de inyección.
2. Parte hembra.
3. Inserto.
4. Parte macho.

Fig. Molde para fabricar pistones inyectados.

Fig. Guía inferior o de profundidad construida con un segmento de tubo de PVC, al que se une una roldana de madera dura mediante un eje y dos tuercas.

BOMBASLAZO3.

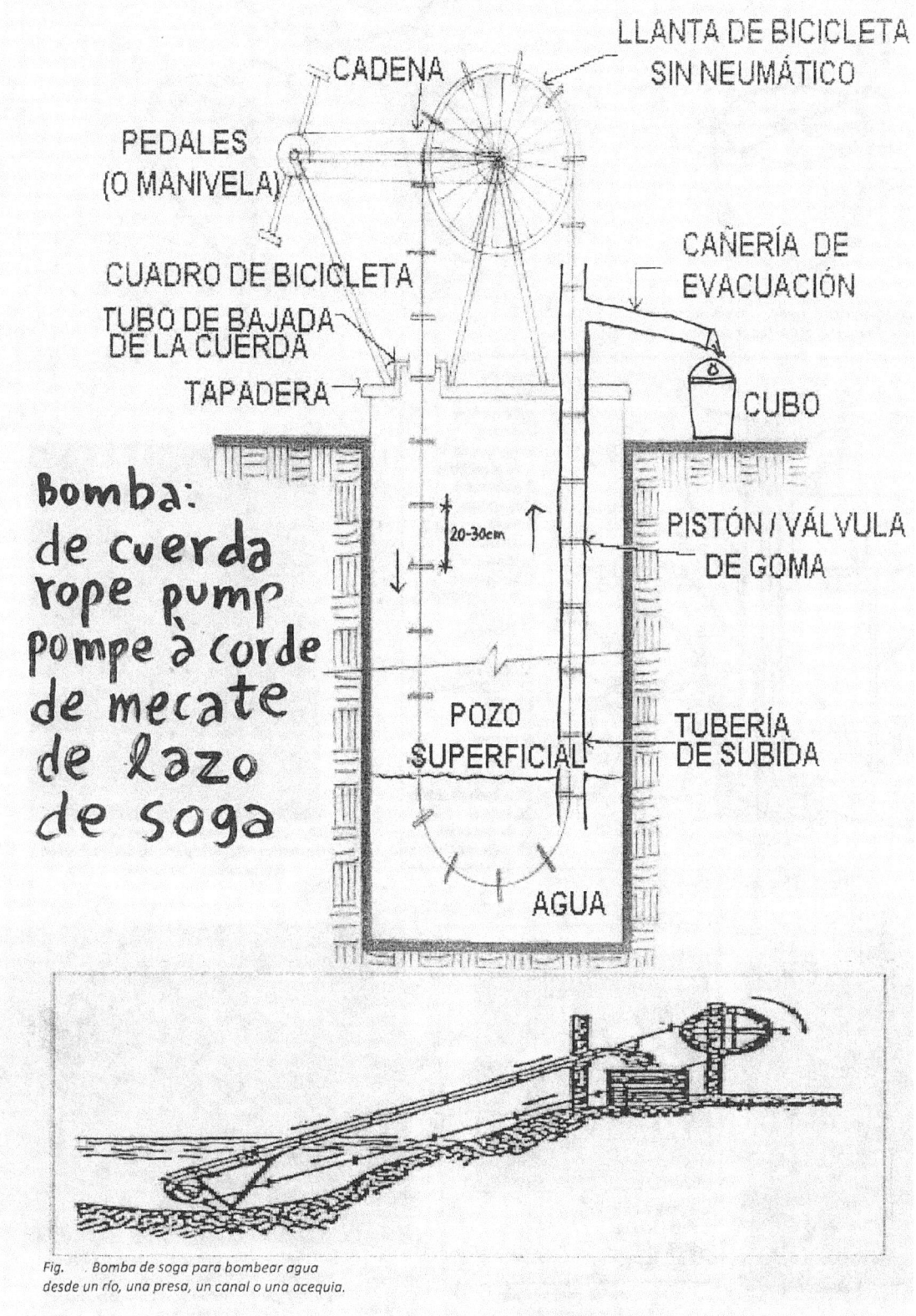

Fig. Bomba de soga para bombear agua desde un río, una presa, un canal o una acequia.

# BOMBASLAZO-AGUALLUVIA.

## Bombas de Lazo

La bomba consiste de una polea construida con llantas recicladas de automóvil. Un lazo con pistones cada metro aproximadamente es halado por la polea a través de un tubo de PVC. En su recorrido por el tubo cada pistón sube una pequeña columna de agua. Útil para profundidad de pozo hasta 20 metros.

| Profundidad de Bombeo (m) | Caudal (GPM) |
|---|---|
| 4 | 22 |
| 8 | 11 |
| 12 | 7 |
| 16 | 5 |
| 20 | 4 |
| 24 | 3.5 |

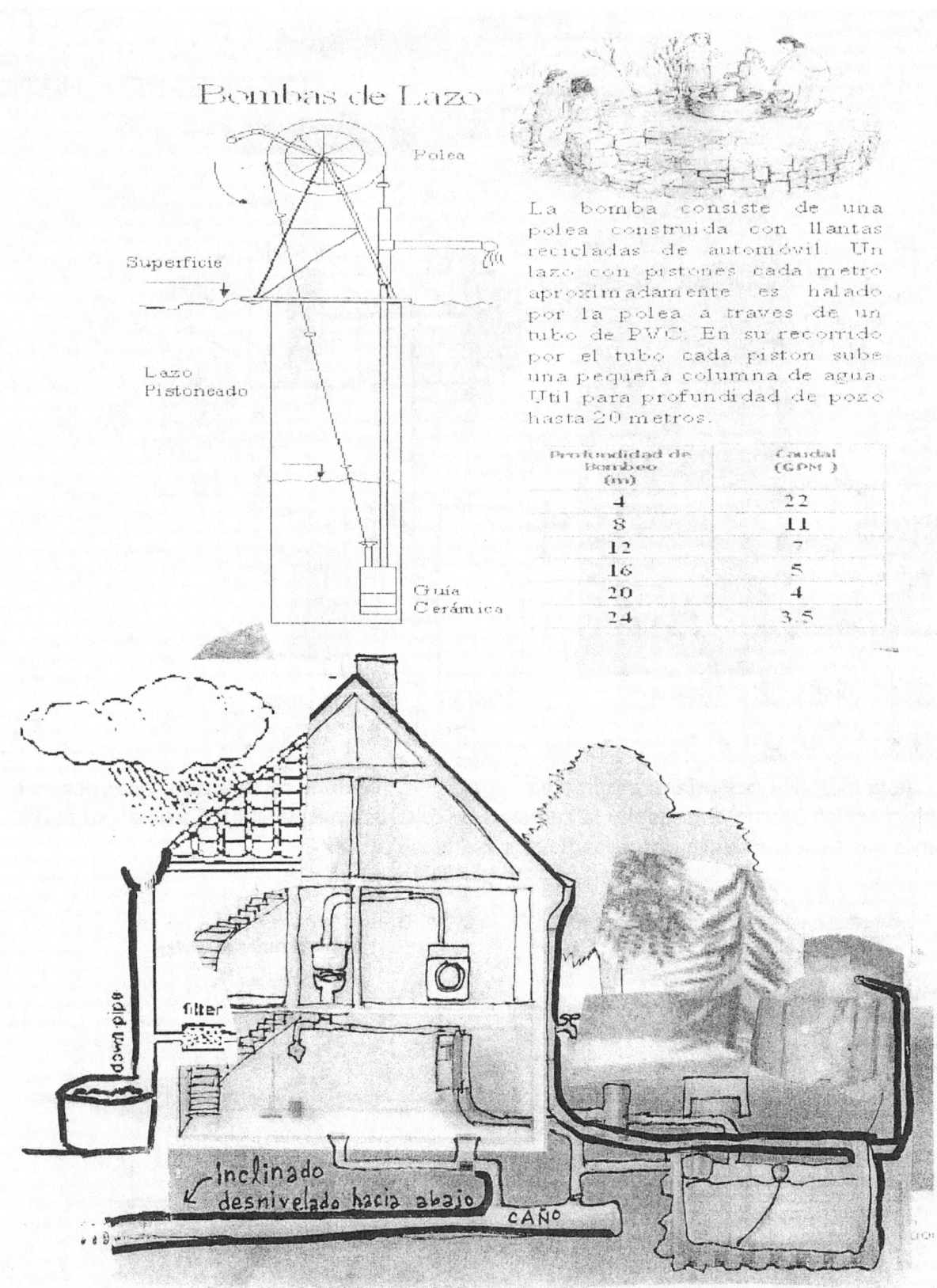

inclinado desnivelado hacia abajo

CAÑO

filter

BOMBA-SUMERGIBLE.

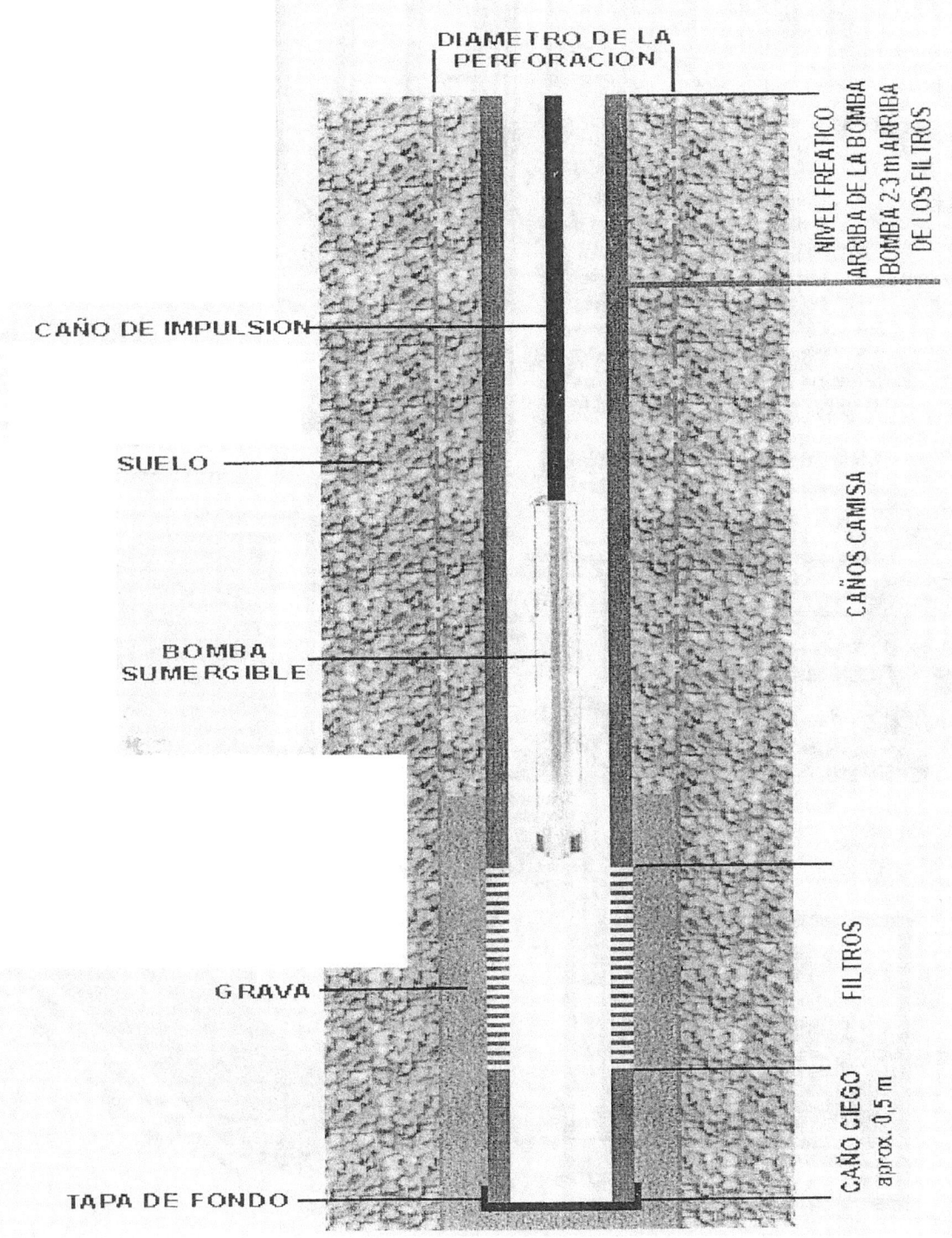

# CAPILAR ACUIFEROS.

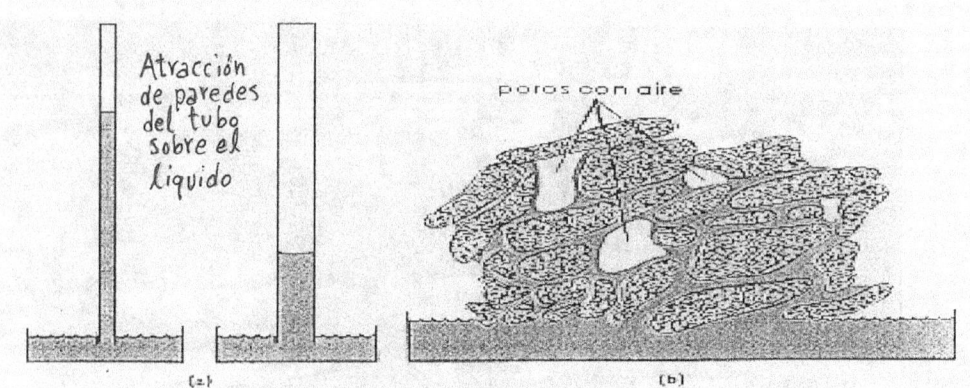

El efecto capilar se puede demostrar colocando un fino tubo capilar sobre una superficie de agua libre. El agua asciende por el tubo, tanto más cuanto más delgado sea (más importancia tienen las paredes) (parte a del dibujo).
En el suelo se forman tubos capilares en el contacto entre las partículas, por los que asciende el agua y queda retenida (parte b del dibujo).

N.C. Brady 1984
The nature and Properties of soils
Macmillan Pub.

- Partícula sólida
- Agua molecular
- Gas (aire)
- Agua capilar
- Suelo Saturado

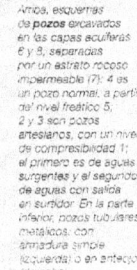

Arriba, esquemas de **pozos** excavados en las capas acuíferas E y 8, separadas por un estrato rocoso impermeable (7); 4 es un pozo normal, a partir del nivel freático 5, 2 y 3 son pozos artesianos, con un nivel de compresibilidad 1; el primero es de aguas surgentes y el segundo de aguas con salida en surtidor. En la parte inferior, pozos tubulares metálicos, con armadura simple (izquierda) o en antepozo (derecha).

# CAPTURA-AGUA-ROCOSO-SISTEMA

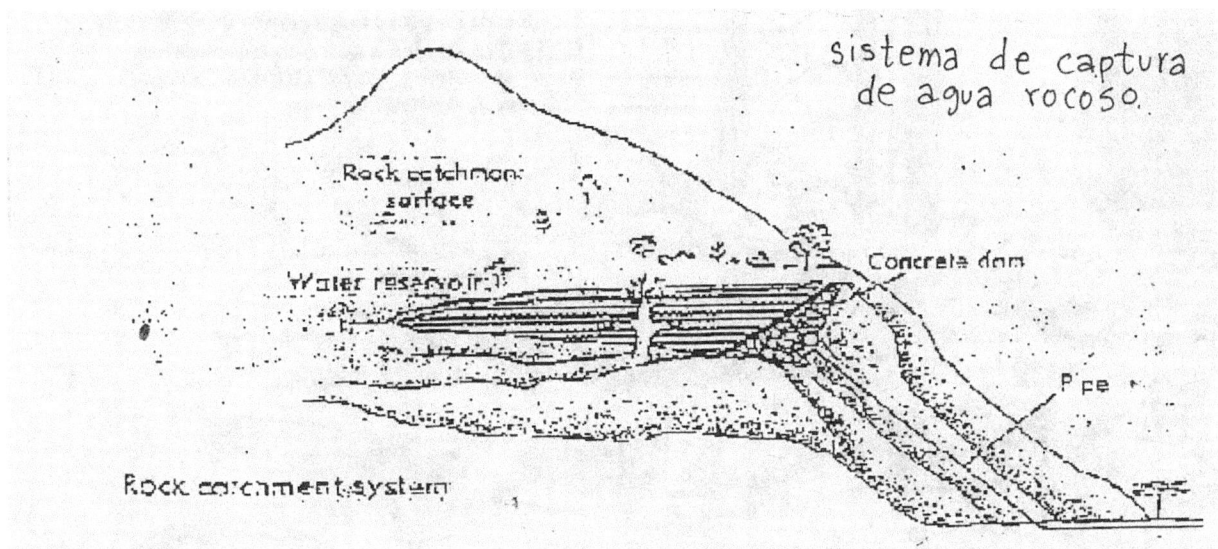

# CICLOAGUA.

CICLO-AGUA.

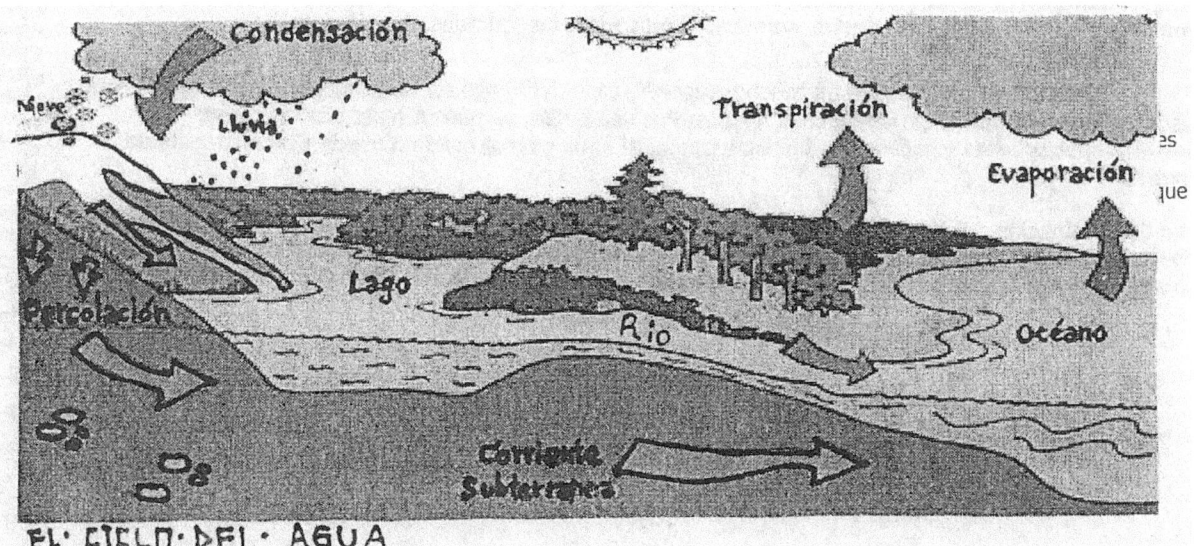

# CICLOHIDROLOGICO.

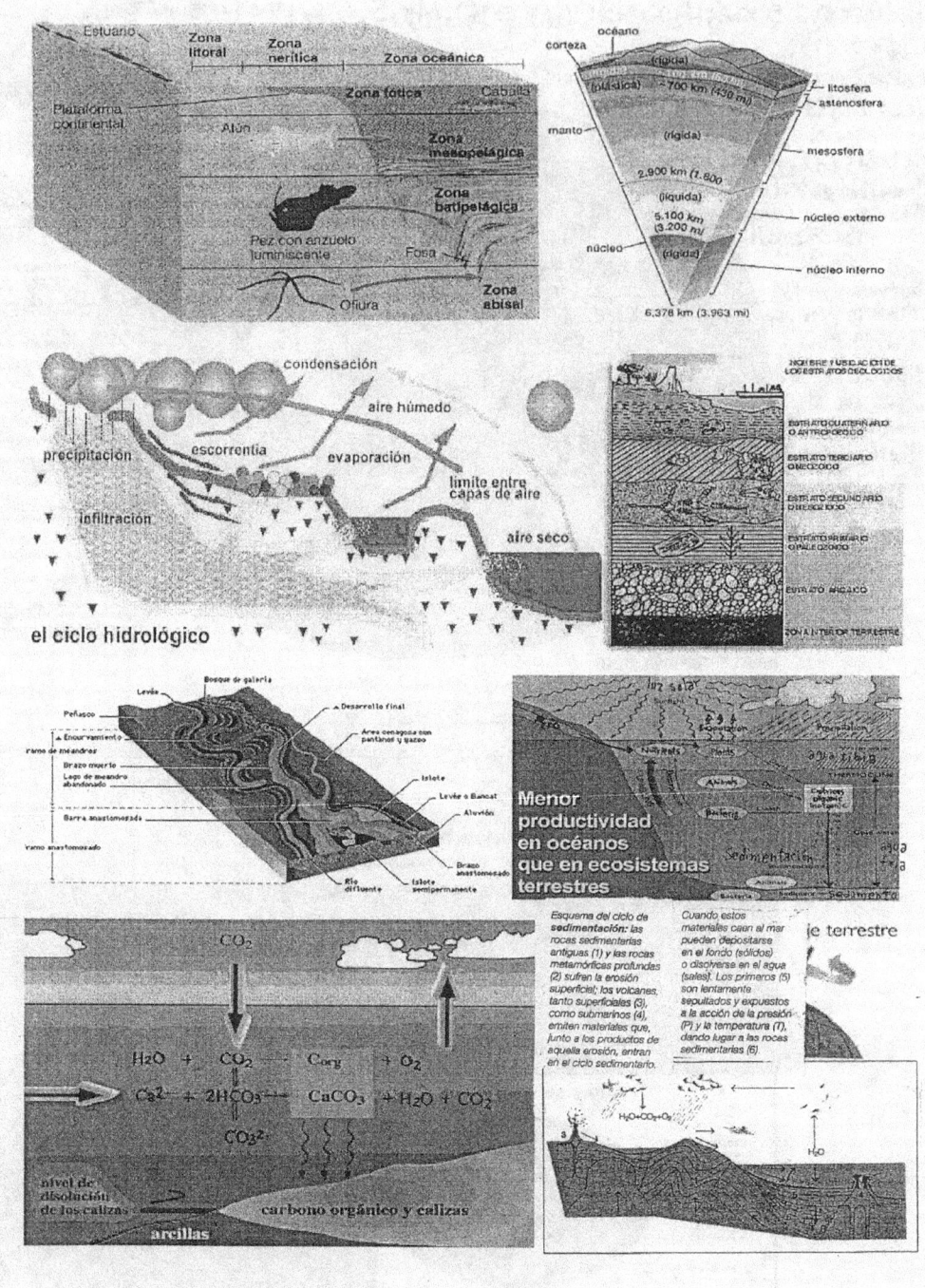

# DESALINIZACION-AGUA.

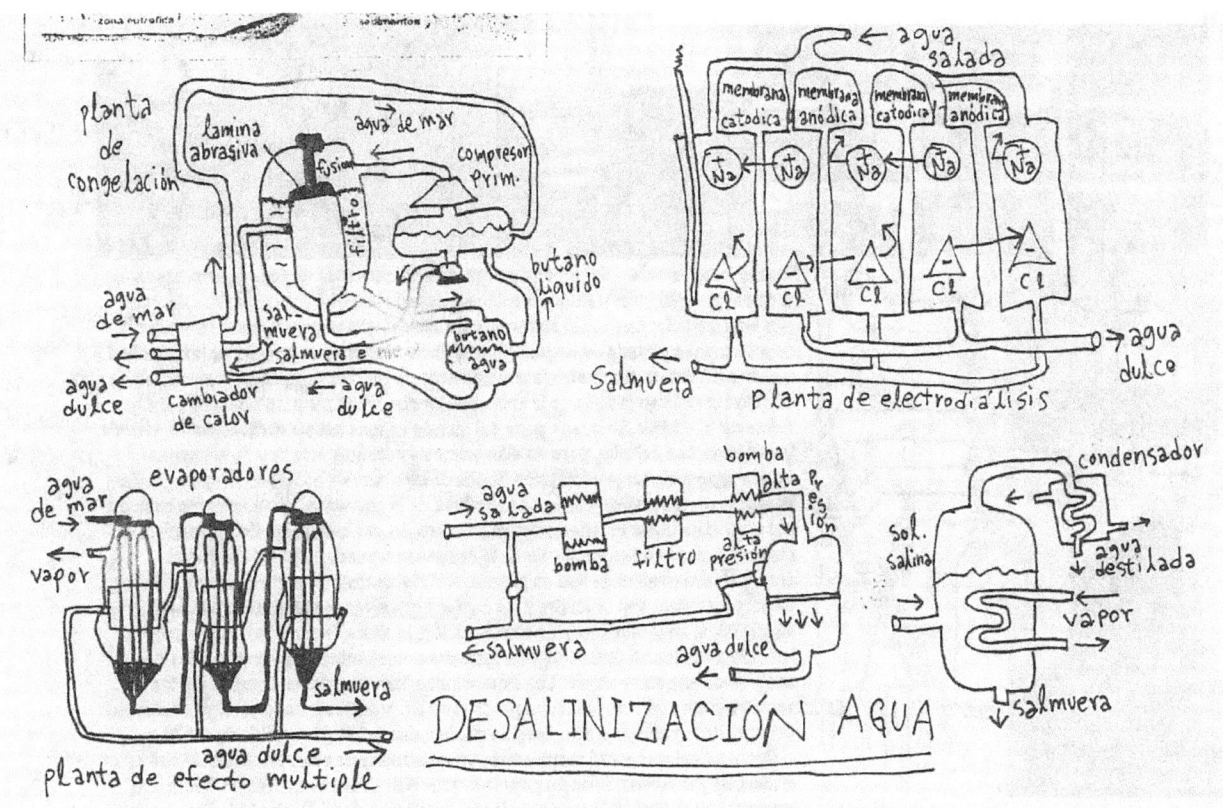

# DESALINIZACION AGUA-EVAPORACION.

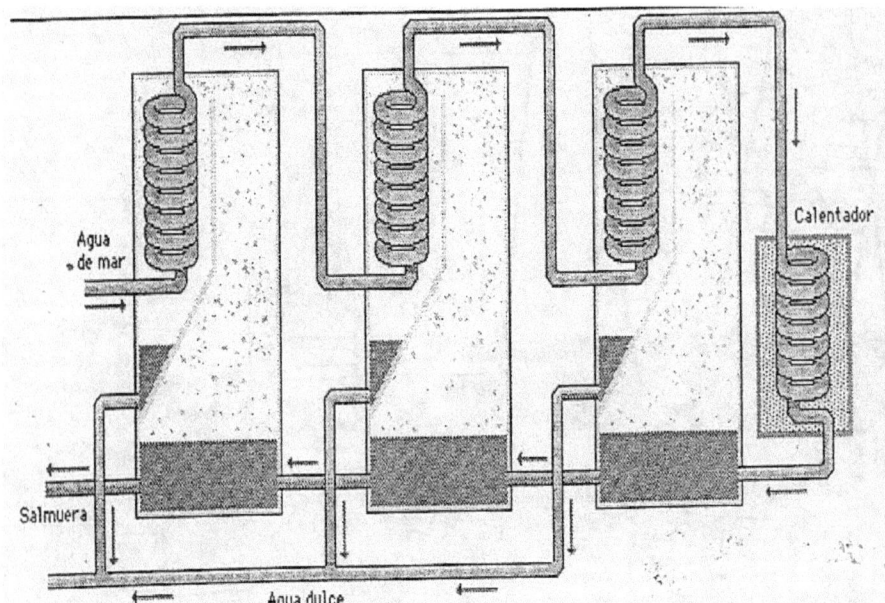

**Desalinización del agua.-** La evaporación súbita es el método más utilizado para desalinizar el agua. El agua de mar se calienta y después se bombea a un tanque de baja presión, donde se evapora parcialmente. A continuación el vapor de agua se condensa y se extrae como agua pura. El proceso se repite varias veces. El líquido restante, llamado salmuera, contiene una gran cantidad de sal, y a menudo se extrae y se procesa para obtener minerales. Obsérvese que el agua de mar que entra se utiliza para enfriar los condensadores de cada evaporador. Este diseño conserva la energía porque el calor liberado al condensarse el vapor se utiliza para calentar la siguiente entrada de agua de mar.

## DESALINIZACION-SOLAR.

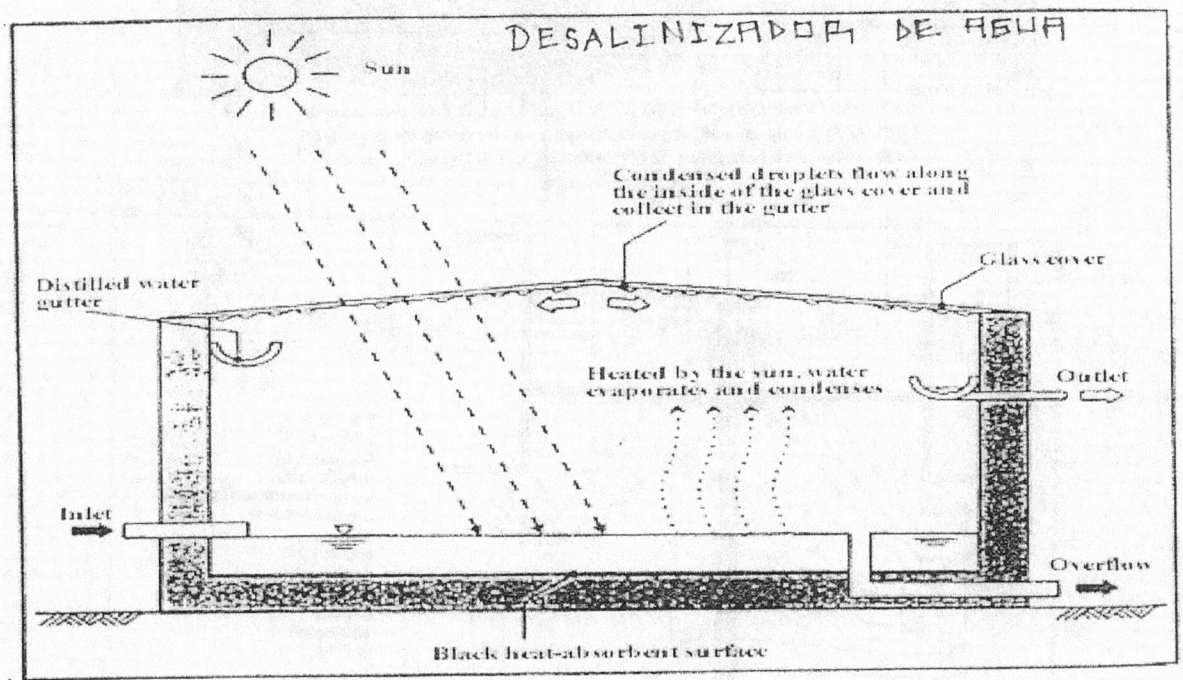

# DESALINIZADOR.

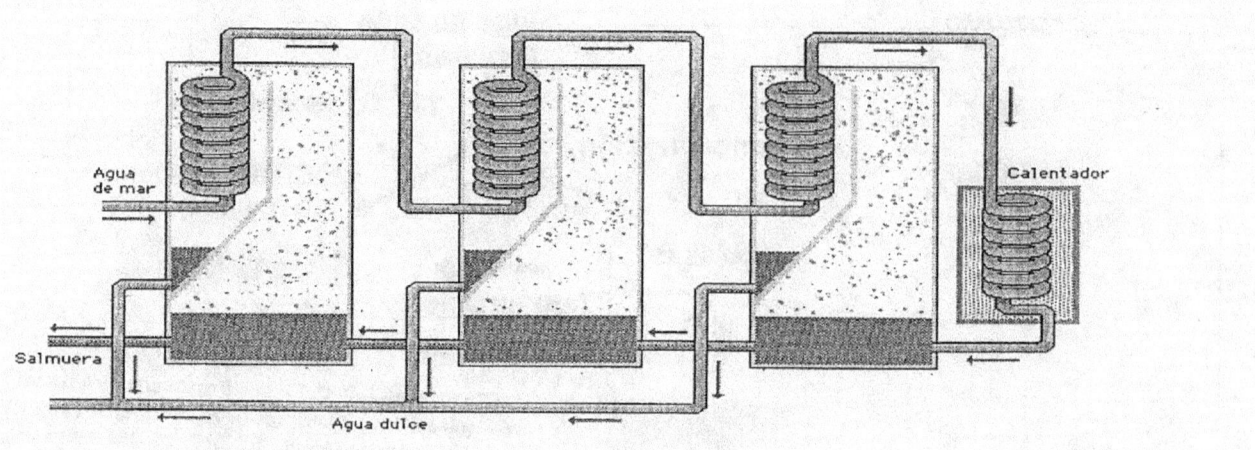

# ENFERMEDADES-AGUA.

**ENFERMEDADES MÁS COMUNES Y FRECUENTES DEL HOMBRE TRANSMITIDAS A TRAVÉS DE AGUAS CONTAMINADAS**

| TIPO DE ORGANISMO | ENFERMEDAD | EFECTO |
|---|---|---|
| * Bacteria | • Fiebre Tifoidea | Diarrea, vómito severo, bazo inflamado, intestino inflamado. Con frecuencia mortal, si no es tratada oportunamente. |
| | • Cólera | Diarrea, vómito, severa deshidratación. Con frecuencia fatal si no se trata. |
| | • Desinteria Bacteriana | Diarrea y mortalidad frecuente en niños. |
| | • Enteritis | Dolor estomacal severo, náuseas, vómito, deshidratación sumamente fatal. |
| * Virus | • Hepatitis Infecciosa (hepatitis A) | Fiebre, dolor de cabeza, pérdida de apetito, dolor abdominal, hepato megalia raramente fatal. Puede causar daño hepático permanente. |
| | * Poliomelitis | Fiebre alta, dolor de cabeza, rigidez de nuca, dolor muscular, severa parálisis de extremidades, paro respiratorio, puede ser fatal, deja muchas secuelas. |
| | *Gastroenteritis Viral | Frecuente en niños, diarrea profusa, vómito, deshidratación severa, puede ser fatal en menores de 5 años. |
| • Protozoarios • Parásitos | • Desintería Amebiana | Diarrea severa, dolor de cabeza y abdominal; fiebre, escalofrío, causa abcesos intestinales y de hígado, puede causar perforación intestinal y muerte. |
| | • Esquistosomiasis | Dolor abdominal, brotes cutáneos, anemia, fatiga crónica, hepato-expleno megalia, muerte. |

**FUENTES Y EFECTOS DE LOS METALES TÓXICOS MÁS USADOS.**

- Arsénico (As)
- Berilio (Be)
- Cadmio (Cd)
- Plomo (Pb)
- Mercurio (Hg)
- Metil Mercurio

- Quemas de carbón y petróleo.
- Ebullición de no ferrozos.
- Aditivos de vidrio y pesticidas
- Quemas de Carbón y petróleo.
- Plantas de cemento y cerámicas.
- Quemas de carbón y petróleo.
- Minería del Zinc y baterías
- Emisiones de exhostos de automotores
- Baterías de plomo

- Pinturas
- Producción de metales no ferrosos.
- Esquema de carbón
- Extracción de oro
- fungicidas
- Pinturas
- usos industriales

- Efectos tóxicos acumulativos-carcinógenos.
- Lesiones de piel, enfermedad respiratoria. Carcinógeno.
- Carcinógeno, hipertensor.
- Enfermedad cardiovascular, daño hepático.
- Daño pulmonar
- Daño cerebral.
- Desorden de comportamiento
- Sordera en los niños
- Mortalidad elevada
- Daño del sistema nervioso central y periférico
- Daño renal, teratogénesis.
- Mortalidad.

## FILTRO-ARENA-Y-GRAVA.

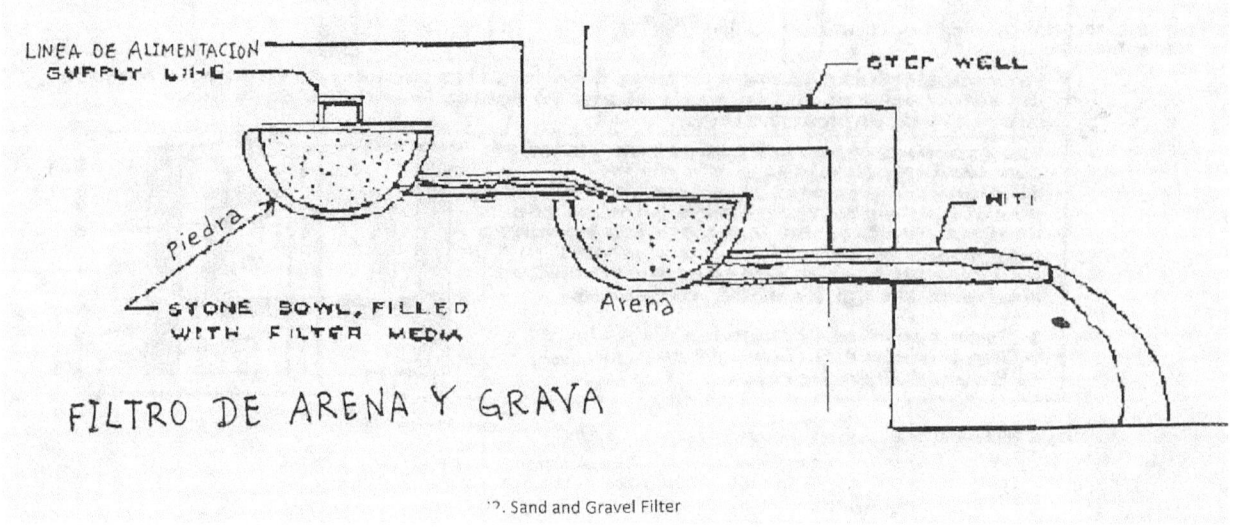

Sand and Gravel Filter

# FILTRO-PORTABLE-AGUA.

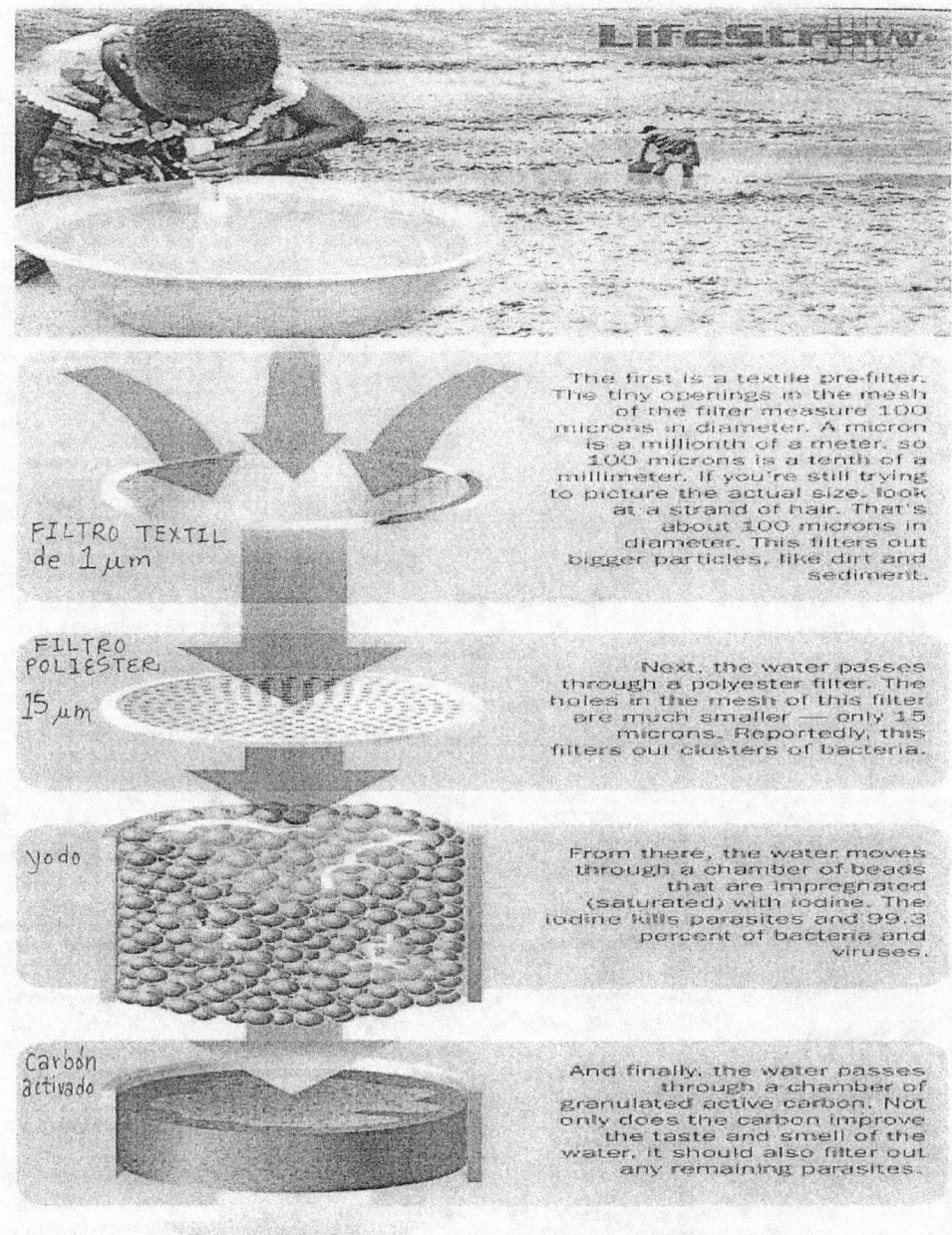

Es un potabilizador de agua, un dispositivo ligero y fácil de transportar con el que se puede purificar el agua contaminada, Con esta especia de "pajita", hasta el agua más sucia se transforma en agua segura para beber. Con esta herramienta se pueden eliminar las enfermedades que se transmiten por el agua contaminada. Este diseño tan inteligente y necesario, como las mosquiteras de larga duración o las cubiertas plásticas, ambas concebidas para prevenir la malaria.

LIMPIAR-AGUA-RECOLECTOR-LLUVIA.

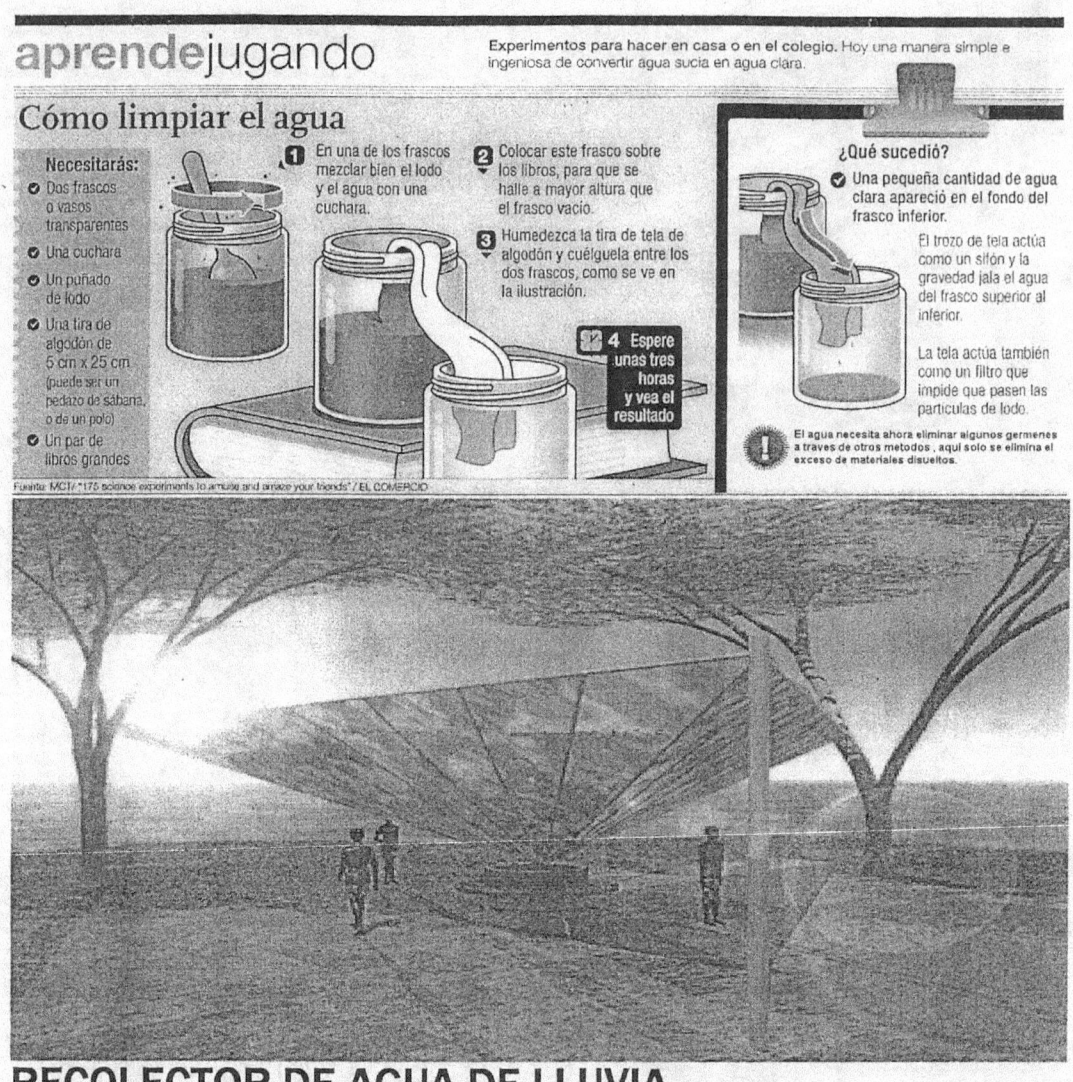

## RECOLECTOR DE AGUA DE LLUVIA

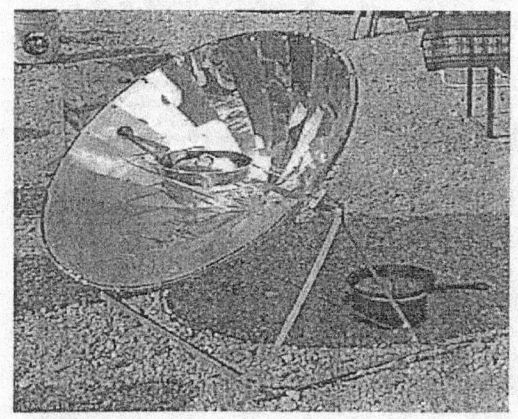
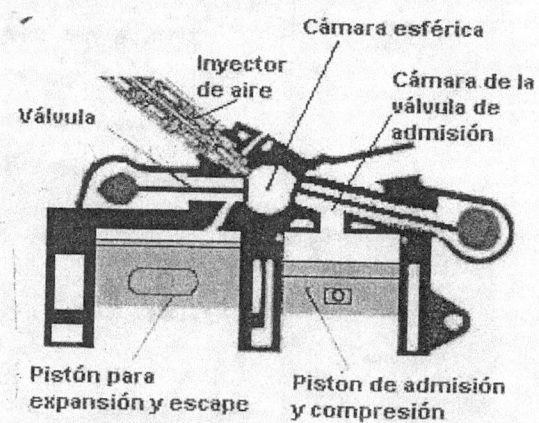

NIEBLAS-AGUADEPURACIÓN.

DEPURACIÓN DE LAS AGUAS RESIDUALES.- Cuando se procede a eliminar una gran proporción de la materia orgánica que contienen las aguas residuales, procediendo por lo tanto su mineralización, decimos que estamos depurando esas aguas. Las aguas de esta manera tratadas, que de ningún modo se pueden considerar aptas para el consumo humano, pueden ser de nuevo utilizadas (reutilizadas) en menesteres como; el riego de jardinería, la limpieza de redes de alcantarillado, etc.

CAPTACIÓN DE AGUAS DE NIEBLAS Se ha determinado que la cantidad de agua que se puede encontrar en las nubes, es de unos 4 a 10 gr./m$^3$, que es una cantidad lo suficientemente importante como plantearse la opción de extraerla de las nubes.

# NIVELES FREATICOS SUTERRANEOS.

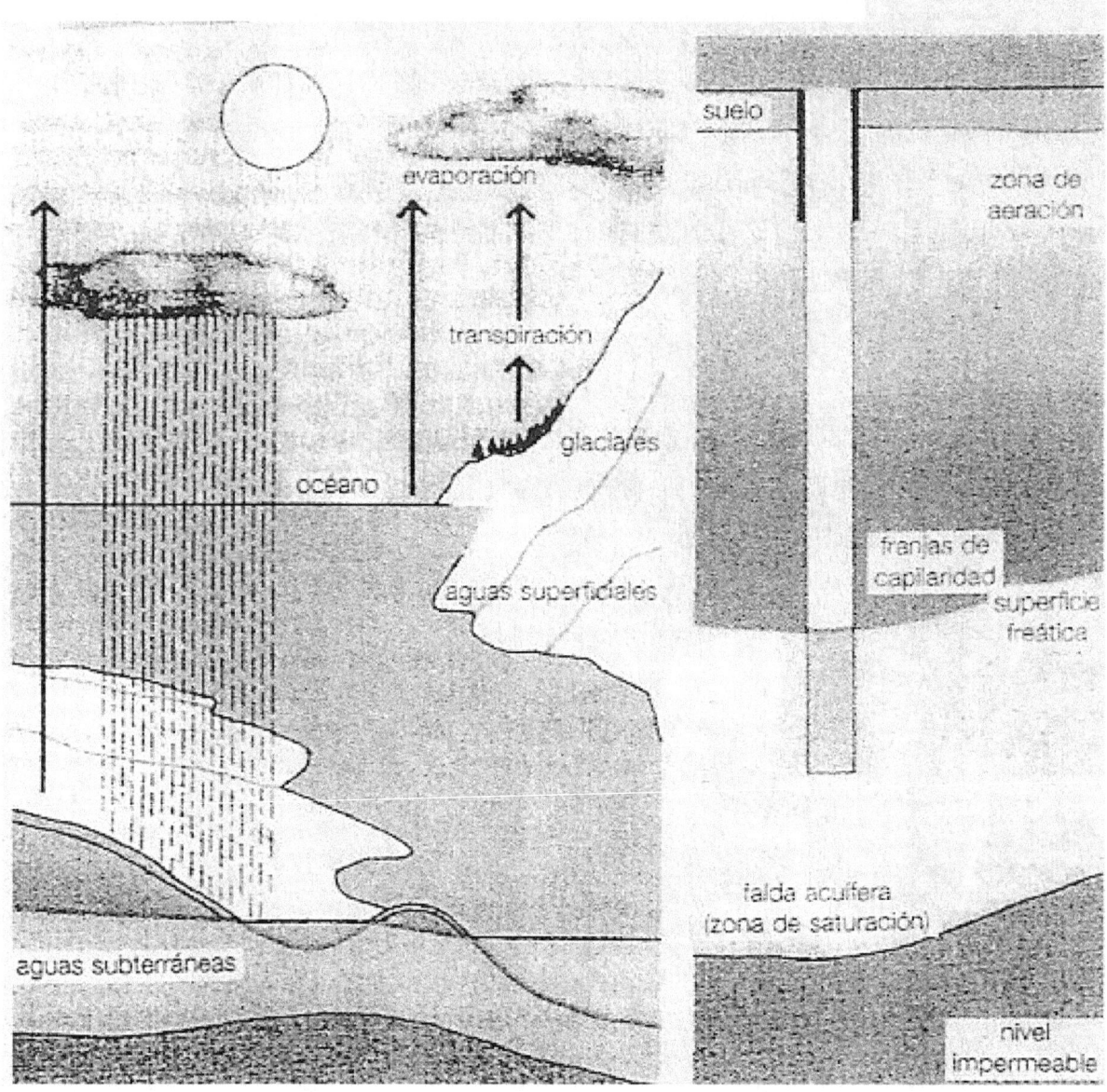

# POZO-ENCONTRAR AGUA-OSMOSIS.

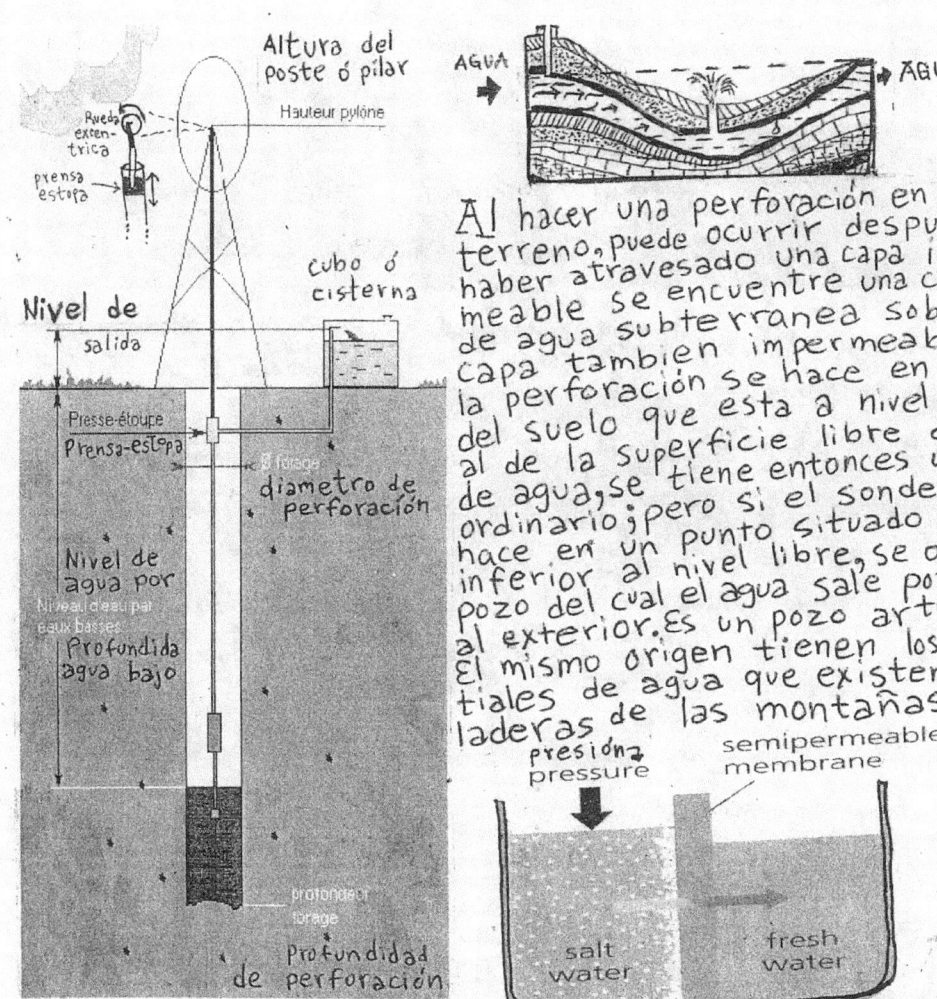

Al hacer una perforación en un terreno, puede ocurrir después de haber atravesado una capa impermeable se encuentre una corriente de agua subterránea sobre otra capa también impermeable. Si la perforación se hace en un punto del suelo que esta a nivel superior al de la superficie libre de la capa de agua, se tiene entonces un pozo ordinario; pero si el sondeo se hace en un punto situado a nivel inferior al nivel libre, se obtiene un pozo del cual el agua sale por sí sola al exterior. Es un pozo artesiano. El mismo origen tienen los manantiales de agua que existen en las laderas de las montañas.

Para encontrar agua potable, no te esfuerces mientras hace calor en el día y pierdas mucha agua al sudar, bebe charcos de agua c/2~3 horas y en vez de beber toda de un sorbo (se va en la orina) Los valles y cañadas se forman gracias a corrientes d'agua, de modo que debes dirigirte hacia el fondo de estos. En los desiertos, donde el flujo de agua es ocasional, busca álamos, sauces y otro tipo de vegetación verde que crece en las áreas húmedas. Cuando el sol o la luna estan bajo el cielo, busca en el horizonte reflejos que revelen la ubicación de pequeños estanques. Recolecta el rocío de la mañana tallando la hierba con una tela y luego exprimela. Si tienes bolsas de plástico, amárralas a las ramas de los árboles caducos y obtendras de 29.5 a 59.1 mm por día.

## POZOS-ZONA-SATURADA.

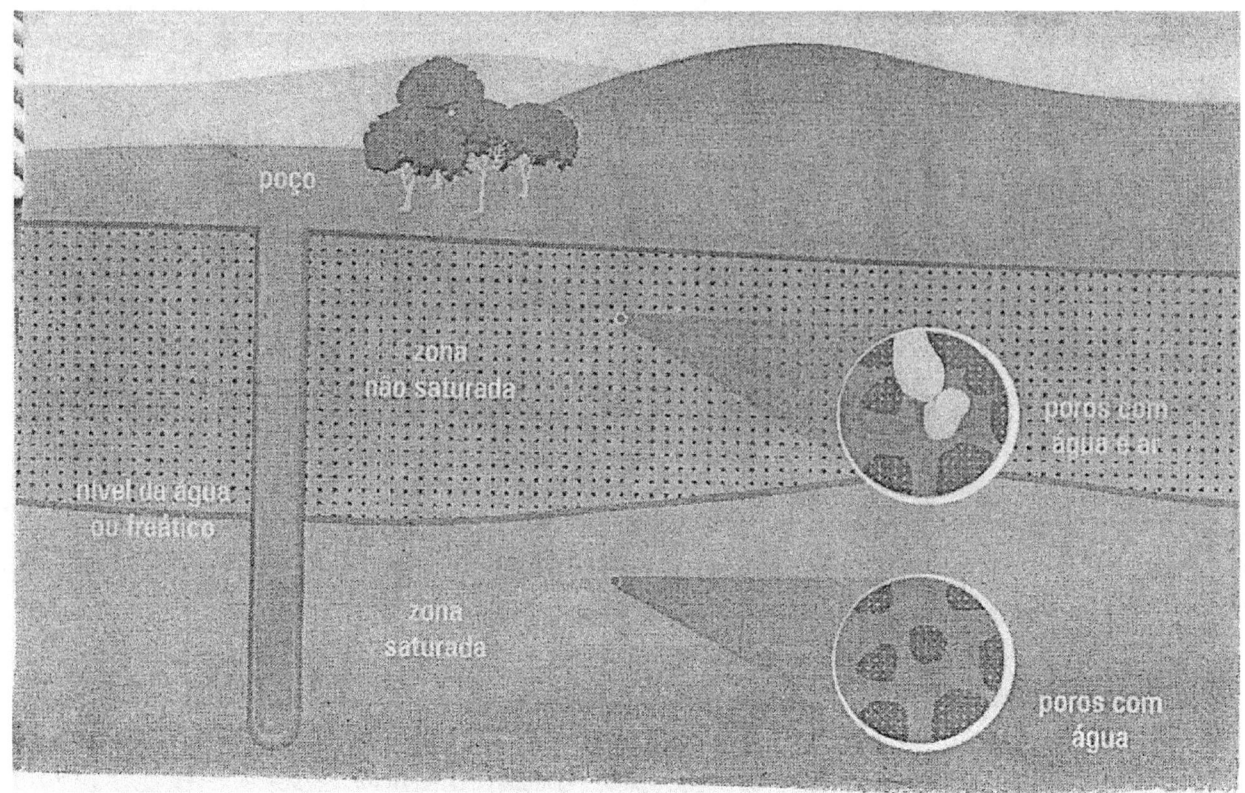

# PURIFICACION-AGUA.

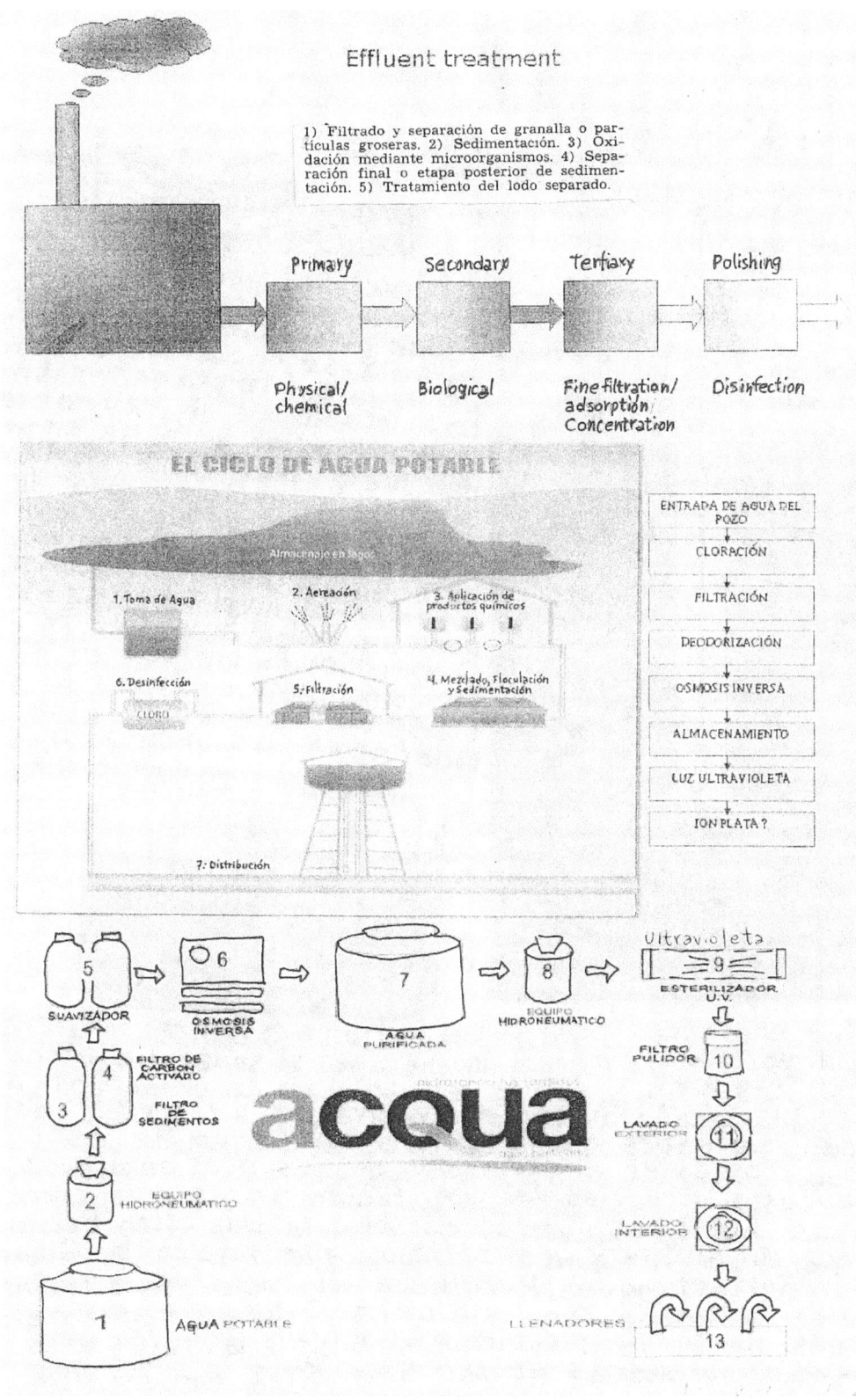

# PURIFICACION-FISICA.

***La purificación física*** del agua se refiere sobre todo a técnicas de filtración. La filtración es un instrumento de purificación para quitar los sólidos de los líquidos. Hay varios tipos de técnicas de filtración. Un filtro típico consiste en un tanque, los medios de filtro y un regulador para permitir la expulsión. La filtración a través de las pantallas se hace generalmente al principio del proceso de la purificación del agua. La forma de las pantallas depende de las partículas que tienen que ser eliminadas. La filtración de la arena es un método usado con frecuencia, muy robusto para quitar los sólidos suspendidos del agua. El medio de filtro consiste en una capa múltiple de arena con una variedad de tamaño y gravedad específica. Cuando el agua atraviesa el filtro, los sólidos suspendido en el agua precipitan en la arena donde quedan como residuo y en el agua se reduce los sólidos suspendidos, esta fluye del filtro. Cuando los filtros se cargan con las partículas se invierte la dirección de filtración, para regenerarlo. Los sólidos suspendidos más pequeños tienen la capacidad de pasar a través de un filtro de arena, a menudo se requiere la filtración secundaria. La filtración de membrana con flujo cruzado quita las sales y materia orgánica disuelta, usando una membrana permeable que impregne solamente los contaminantes. El concentrado permanece mientras que el flujo pasa adelante a través de la membrana. Hay diversas técnicas de filtración con membranas, éstas son: microfiltración, ultrafiltración, nanofiltración y osmosis inversa (OI). Cuál de estas técnicas se pone en ejecución depende de la clase de compuestos que necesiten ser quitados y su tamaño de partícula. Debajo, las técnicas de filtración de membrana están clarificadas. La microfiltración es una técnica de separación con membrana en la cual las partículas muy finas u otras materias suspendidas, con acción en partículas de radio de 0,1 a 1,5 micras, se separan de un líquido. Es capaz de quitar los sólidos suspendidos, las bacterias u otras impurezas. Las membranas de la microfiltración tienen un tamaño nominal de poro de 0,2 micras. La ultrafiltración es una técnica de separación con membrana en la cual las partículas muy finas u otras materias suspendidas, con acción en partículas de radio de 0,005 a 0,1 micras, se separan de un líquido. Es capaz de quitar las sales, las proteínas y otras impurezas dentro de su gama. Las membranas de la ultrafiltración tienen un tamaño nominal de poro de 0,0025 a 0,1 micras. Nanofiltration es una técnica de separación con membrana en la cual las partículas muy finas u otras materias suspendidas, con un tamaño de partícula en la gama de aproximadamente 0,0001 a 0,005 micras, se separan de un líquido. Es capaz de quitar virus, pesticidas y herbicidas. La osmosis inversa, o la OI, es la técnica disponible más fina de separación con membrana. La OI separa partículas muy finas u otras materias suspendidas, con un tamaño de partícula hasta 0,001 micras, de un líquido. Es capaz de quitar iones de metal y eliminar completamente las sales en disolución. Las unidades de filtración de cartucho consisten en fibras. Funcionan generalmente con más eficacia económica en los usos que tienen niveles de contaminación de menos de 100 PPM. Para usos donde la contaminación es más alta, los cartuchos se utilizan normalmente como filtro en las etapas finales.

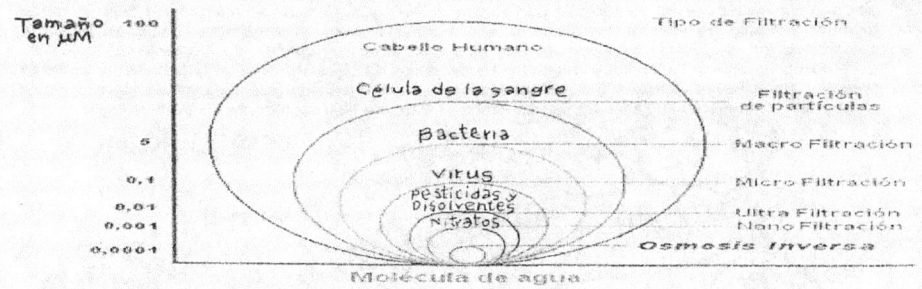

# PURIFICACIÓN QUÍMICA.

*La purificación química* del agua se refiere a muchos y diversos métodos. Qué método aplicar depende de la clase de contaminación hay en el agua, por ejemplo para prevenir la formación de ciertos productos de la reacción. Los agentes quelatos se agregan a menudo al agua, para prevenir los efectos negativos de la dureza, causados por la deposición del calcio y del magnesio. Los agentes que oxidan se agregan al agua como biocida, o para neutralizar agentes de reducción. Los agentes de reducción se agregan para neutralizar agentes que oxidan, tales como ozono y cloro. También ayudan a prevenir la degradación de las membranas de purificación. La clarificación es un proceso de multi-pasos para quitar los sólidos suspendidos. Primero, se agregan los coagulantes. Los coagulantes reducen la carga de iones, de modo que acumulan las partículas en formas más grandes llamadas flóculos. Los flóculos se depositan por gravedad en tanques de filtración o se quitan mientras que el agua atraviesa un filtro de gravedad. Las partículas más grandes que 25 micras son quitadas con eficacia por la clarificación. Agua que es tratada con la clarificación puede contener algunos sólidos suspendidos y por lo tanto necesita un tratamiento adicional. La desionización se procesa comúnmente con intercambio de ion. Los sistemas de intercambio de ion consisten en un tanque con bolas pequeñas de resina sintética, que son tratadas para absorber selectivamente ciertos cationes o aniones y para substituirlos por los iones contaminadores. El proceso de intercambio de ion dura, hasta que todos los espacios disponibles se llenan de los iones. El dispositivo del intercambiador de iones tiene que ser regenerado por productos químicos convenientes. Uno de los intercambiadores posiblemente más comúnmente usado es un suavizador de agua. Este dispositivo quita iones de calcio y de magnesio del agua dura, substituyéndolos por otros iones positivamente cargados. La desinfección es uno de los pasos más importantes de la purificación del agua de ciudades y de comunidades. Responde al propósito de matar a los actuales microorganismos indeseados en el agua; por lo tanto los desinfectantes se refieren a menudo como biocidas. Hay una gran variedad de técnicas disponibles para desinfectar los líquidos y superficies, por ejemplo: desinfección con ozono, desinfección con cloro y desinfección UV. El cloro cuando es dejado caer: puede reaccionar las cloraminas y los hidrocarburos tratados con cloro, que son agentes carcinógenos peligrosos. Para prevenir este problema el dióxido de cloro puede ser aplicado. El dióxido de cloro es un biocida eficaz a bajas concentraciones tales como 0,1 PPM y excelentes en una gama ancha de pH. El $ClO_2$ penetra la pared de la célula de las bacterias y reacciona con aminoácidos vitales en el citoplasma de la célula para matar al organismo. El subproducto de esta reacción es clorito. Los estudios toxicológicos han demostrado que el subproducto de la desinfección del dióxido de cloro, clorito, no tiene ningún riesgo adverso significativo para la salud humana. El ozono se ha utilizado para la desinfección en la industria del agua potable municipal en Europa por cientos de años y es utilizado por una gran cantidad de compañías de agua, donde es común capacidades del generador del ozono de hasta el radio de acción de cientos kilogramos por hora. Cuando el ozono hace frente a olores, a bacterias o a virus, el átomo adicional del oxígeno los destruye totalmente por la oxidación. Durante este proceso el átomo adicional del oxígeno se destruye y no hay olores, bacterias o átomos adicionales dejados. El ozono es no solamente un desinfectante eficaz, es también particularmente seguro de utilizar. La radiación-UV también se utiliza para la desinfección hoy en día. Cuando están expuestos a la luz del sol, se matan los gérmenes y las bacterias y los hongos se previenen de reproducirse. Este proceso natural de la desinfección se puede utilizar con más eficacia posible aplicando la radiación UV de una manera controlada. La destilación es la colección de vapor de agua, después de hervir las aguas residuales. Con un retiro correctamente diseñado del sistema de contaminantes orgánicos e inorgánicos y de impurezas biológicas puede ser obtenido, porque la mayoría de los contaminantes no se vaporizan. El agua pasará al condensador y los contaminantes permanecerán en la unidad de evaporación. La electro diálisis es una técnica que emplea las membranas actuales y especiales eléctricas, que son semipermeables a los iones, basadas en su carga. Membranas cargadas de cationes y las membranas cargadas de aniones se colocan alternativamente, con los canales del flujo entre ellos, y los electrodos se colocan en cada lado de las membranas. Los electrodos atraen a los iones contrarios a través de las membranas, para eliminarlos del agua. El agua municipal necesita un ajuste de pH a menudo, para prevenir la corrosión de las tuberías y prevenir la disolución del plomo en los abastecimientos de agua. El pH es llevado hacia arriba o hacia abajo a través de la adición del cloruro de hidrógeno, en caso de que un líquido sea básico, o del hidróxido de sodio, en caso de un líquido ácido. El pH será convertido a aproximadamente 7 ó 7,5, después de la adición de ciertas concentraciones de estas sustancias. La mayoría de los compuestos orgánicos naturalmente nos encontramos tienen una carga levemente negativa. El barrido orgánico es hecho por la adición de la resina del anión de una base-fuerte. Los compuestos orgánicos llenarán la resina y cuando se carga totalmente se regenera con altas concentraciones de cloruro de sodio. La purificación de biológica del agua se realiza para bajar la carga orgánica de compuestos orgánicos disueltos. Los microorganismos, principalmente bacterias, hacen la descomposición de estos compuestos. Hay dos categorías principales de tratamiento biológico: tratamiento aerobio y tratamiento anaerobio. La demanda biológica de oxígeno (DBO) define la carga orgánica. En sistemas aerobios el agua se airea con aire comprimido (con oxígeno en algunos casos simplemente), mientras que los sistemas anaerobios funcionan bajo condiciones libres de oxígeno.

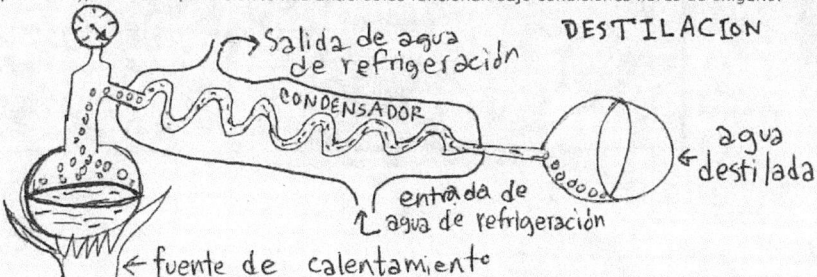

# TRATAMIENTO-AGUAS-BOMBAPRESION.

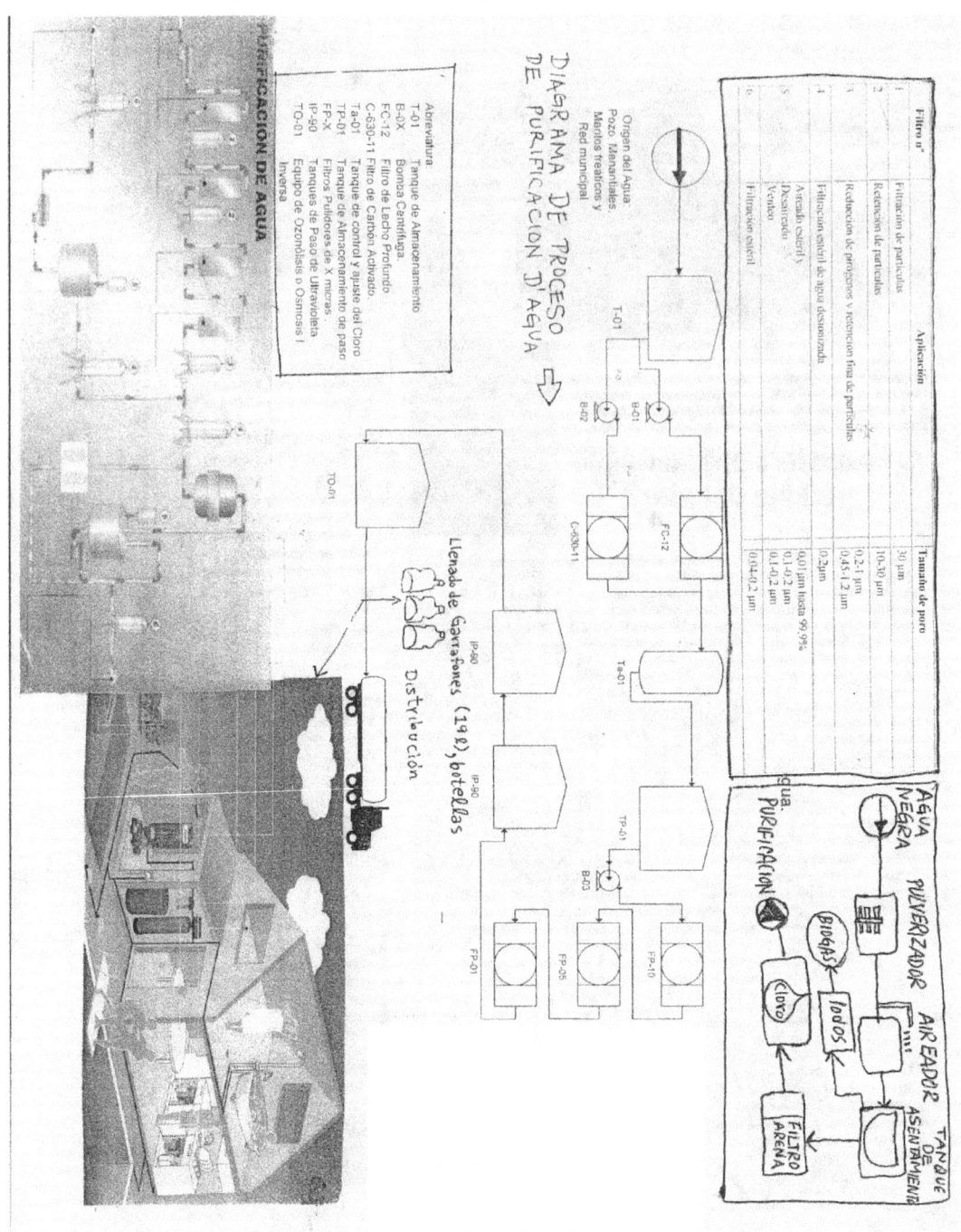

# TRATAMIENTO-AGUAS-RESIDUALES.

**Tratamiento de aguas residuales.-** En una depuradora, los residuos atraviesan una serie de cedazos, cámaras y procesos químicos para reducir su volumen y toxicidad. Las tres fases del tratamiento son la primaria, la secundaria y la terciaria. En la primaria, se elimina un gran porcentaje de sólidos en suspensión y materia inorgánica. En la secundaria se trata de reducir el contenido en materia orgánica acelerando los procesos biológicos naturales. La terciaria es necesaria cuando el agua va a ser reutilizada; elimina un 99% de los sólidos y además se emplean varios procesos químicos para garantizar que el agua esté tan libre de impurezas como sea posible.. Las aguas residuales que entran en una depuradora contienen materiales que podrían atascar o dañar las bombas y la maquinaria. Estos materiales se eliminan por medio de enrejados o barras verticales, y se queman o se entierran tras ser recogidos manual o mecánicamente. El agua residual pasa a continuación a través de una trituradora, donde las hojas y otros materiales orgánicos son triturados para facilitar su posterior procesamiento y eliminación. *Cámara de arena* En el pasado, se usaban tanques de deposición, largos y estrechos, en forma de canales, para eliminar materia inorgánica o mineral como arena, sedimentos y grava. Estas cámaras estaban diseñadas de modo que permitieran que las partículas inorgánicas de 0,2 mm o más se depositaran en el fondo, mientras que las partículas más pequeñas y la mayoría de los sólidos orgánicos que permanecen en suspensión continuaban su recorrido. Hoy en día las más usadas son las cámaras aireadas de flujo en espiral con fondo en tolva, o clarificadores, provistos de brazos mecánicos encargados de raspar. Se elimina el residuo mineral y se vierte en vertederos sanitarios. La acumulación de estos residuos puede ir de los 0,08 a los 0,23 $m^3$ por cada 3,8 millones de litros de aguas residuales. *Sedimentación.-* Una vez eliminada la fracción mineral sólida, el agua pasa a un depósito de sedimentación donde se depositan los materiales orgánicos, que son retirados para su eliminación. El proceso de sedimentación puede reducir de un 20 a un 40% la $DBO_5$ y de un 40 a un 60% los sólidos en suspensión. La tasa de sedimentación se incrementa en algunas plantas de tratamiento industrial incorporando procesos llamados coagulación y floculación químicas al tanque de sedimentación. La coagulación es un proceso que consiste en añadir productos químicos como el sulfato de aluminio, el cloruro férrico o polielectrolitos a las aguas residuales; esto altera las características superficiales de los sólidos en suspensión de modo que se adhieren los unos a los otros y precipitan. La floculación provoca la aglutinación de los sólidos en suspensión. Ambos procesos eliminan más del 80% de los sólidos en suspensión. *Flotación.-* Una alternativa a la sedimentación, utilizada en el tratamiento de algunas aguas residuales, es la flotación, en la que se fuerza la entrada de aire en las mismas, a presiones de entre 1,75 y 3,5 kg por $cm^2$. El agua residual, supersaturada de aire, se descarga a continuación en un depósito abierto. En él, la ascensión de las burbujas de aire hace que los sólidos en suspensión suban a la superficie, de donde son retirados. La flotación puede eliminar más de un 75% de los sólidos en suspensión. *Digestión.-* es un proceso microbiológico que convierte el lodo, orgánicamente complejo, en metano, dióxido de carbono y un material inofensivo similar al humus. Las reacciones se producen en un tanque cerrado o digestor, y son anaerobias, esto es, se producen en ausencia de oxígeno. La conversión se produce mediante una serie de reacciones. En primer lugar, la materia sólida se hace soluble por la acción de enzimas. La sustancia resultante fermenta por la acción de un grupo de bacterias productoras de ácidos, que la reducen a ácidos orgánicos sencillos, como el ácido acético. Entonces los ácidos orgánicos son convertidos en metano y dióxido de carbono por bacterias. Se añade lodo espesado y calentado al digestor tan frecuentemente como sea posible, donde permanece entre 10 y 30 días hasta que se descompone. La digestión reduce el contenido en materia orgánica entre un 45 y un 60 por ciento. *Desecación.-* El lodo digerido se extiende sobre lechos de arena para que se seque al aire. La absorción por la arena y la evaporación son los principales procesos responsables de la desecación. El secado al aire requiere un clima seco y relativamente cálido para que su eficacia sea óptima, y algunas depuradoras tienen una estructura tipo invernadero para proteger los lechos de arena. El lodo desecado se usa sobre todo como acondicionador del suelo; en ocasiones se usa como fertilizante, debido a que contiene un 2% de nitrógeno y un 1% de fósforo. *Tratamiento secundario* Una vez eliminados de un 40 a un 60% de los sólidos en suspensión y reducida de un 20 a un 40% la $DBO_5$ por medios físicos en el tratamiento primario, el tratamiento secundario reduce la cantidad de materia orgánica en el agua. Por lo general, los procesos microbianos empleados son aeróbicos, es decir, los microorganismos actúan en presencia de oxígeno disuelto. El tratamiento secundario supone, de hecho, emplear y acelerar los procesos naturales de eliminación de los residuos. En presencia de oxígeno, las bacterias aeróbicas convierten la materia orgánica en formas estables, como dióxido de carbono, agua, nitratos y fosfatos, así como otros materiales orgánicos. La producción de materia orgánica nueva es un resultado indirecto de los procesos de tratamiento biológico, y debe eliminarse antes de descargar el agua en el cauce receptor. *Filtro de goteo* En este proceso, una corriente de aguas residuales se distribuye intermitentemente sobre un lecho o columna de algún medio poroso revestido con una película gelatinosa de microorganismos que actúan como agentes destructores. La materia orgánica de la corriente de agua residual es absorbida por la película microbiana y transformada en dióxido de carbono y agua. El proceso de goteo, cuando va precedido de sedimentación, puede reducir cerca de un 85% la $DBO_5$. *Fango activado* Se trata de un proceso aeróbico en el que partículas gelatinosas de lodo quedan suspendidas en un tanque de aireación y reciben oxígeno. Las partículas de lodo activado, llamadas *floc*, están compuestas por millones de bacterias en crecimiento activo aglutinadas por una sustancia gelatinosa. El *floc* absorbe la materia orgánica y la convierte en productos aeróbicos. La reducción de la $DBO_5$ fluctúa entre el 60 y el 85 por ciento. Un importante acompañante en toda planta que use lodo activado o un filtro de goteo es el clarificador secundario, que elimina las bacterias del agua antes de su descarga. *Estanque de estabilización o laguna* Otra forma de tratamiento biológico es el estanque de estabilización o laguna, que requiere una extensión de terreno considerable y, por tanto, suelen construirse en zonas rurales. Las lagunas opcionales, que funcionan en condiciones mixtas, son las más comunes, con una profundidad de 0,6 a 1,5 m y una extensión superior a una hectárea. En la zona del fondo, donde se descomponen los sólidos, las condiciones son anaerobias; la zona próxima a la superficie es aeróbica, permitiendo la oxidación de la materia orgánica disuelta y coloidal. Puede lograrse una reducción de la $DBO_5$ de un 75 a un 85 por ciento. *Tratamiento avanzado* Si el agua que ha de recibir el vertido requiere un grado de tratamiento mayor que el que puede aportar el proceso secundario, o si el efluente va a reutilizarse, es necesario un tratamiento avanzado de las aguas residuales. A menudo se usa el término tratamiento *terciario* como sinónimo de tratamiento avanzado, pero no son exactamente lo mismo. El tratamiento terciario, o de tercera fase, suele emplearse para eliminar el fósforo, mientras que el tratamiento avanzado podría incluir pasos adicionales para mejorar la calidad del efluente eliminando los contaminantes recalcitrantes. Hay procesos que permiten eliminar más de un 99% de los sólidos en suspensión y reducir la $DBO_5$ en similar medida. Los sólidos disueltos se reducen por medio de procesos como la ósmosis inversa y la electrodiálisis. La eliminación del amoníaco, la desnitrificación y la precipitación de los fosfatos pueden reducir el contenido en nutrientes. Si se pretende la reutilización del agua residual, la desinfección por tratamiento con ozono es considerada el método más fiable, excepción hecha de la cloración extrema. Es probable que en el futuro se generalice el uso de estos y otros métodos de tratamiento de los residuos a la vista de los esfuerzos que se están haciendo para conservar el agua mediante su reutilización. *Vertido del líquido.-* El vertido final del agua tratada se realiza de varias formas. La más habitual es el vertido directo a un río o lago receptor. En aquellas partes del mundo que se enfrentan a una creciente escasez de agua, tanto de uso doméstico como industrial, las autoridades empiezan a recurrir a la reutilización de las aguas tratadas para rellenar los acuíferos, regar cultivos no comestibles, procesos industriales, recreo y otros usos. En un proyecto de este tipo, en la Potable Reuse Demonstration Plant de Denver, Colorado, el proceso de tratamiento comprende los tratamientos convencionales primario y secundario, seguidos de una limpieza por cal para eliminar los compuestos orgánicos en suspensión. Durante este proceso, se crea un medio alcalino (pH elevado) para potenciar el proceso. En el paso siguiente se emplea la recarbonatación para volver a un pH neutro. A continuación se filtra el agua a través de múltiples capas de arena y carbón vegetal, y el amoníaco es eliminado por ionización. Los pesticidas y demás compuestos orgánicos aún en suspensión son absorbidos por un filtro granular de carbón activado. Los virus y bacterias se eliminan por ozonización. En esta fase el agua debería estar libre de todo contaminante pero, para mayor seguridad, se emplean la segunda fase de absorción sobre carbón y la ósmosis inversa y, finalmente, se añade dióxido de cloro para obtener un agua de calidad máxima. *Fosa séptica* Un proceso de tratamiento de las aguas residuales que suele usarse para los residuos domésticos es la fosa séptica: una fosa de cemento, bloques de ladrillo o metal en la que sedimentan los sólidos y asciende la materia flotante. El líquido aclarado en parte fluye por una salida sumergida hasta zanjas subterráneas llenas de rocas a través de las cuales puede fluir y filtrarse en la tierra, donde se oxida aeróbicamente. La materia flotante y los sólidos depositados pueden conservarse entre seis meses y varios años, durante los cuales se descomponen anaeróbicamente.

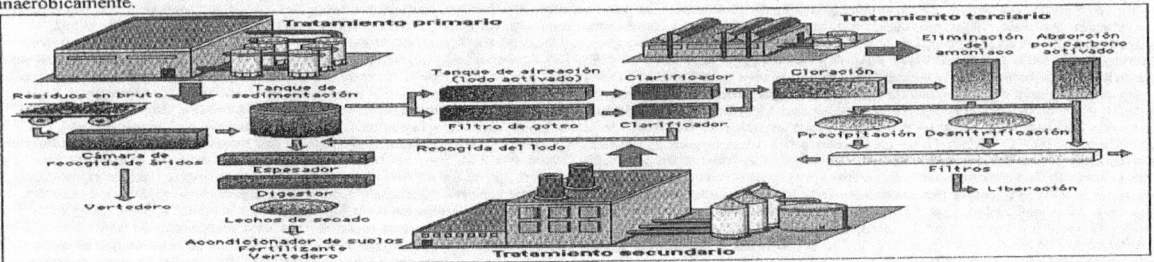

## ULTRAVIOLETA-LAMPARA.

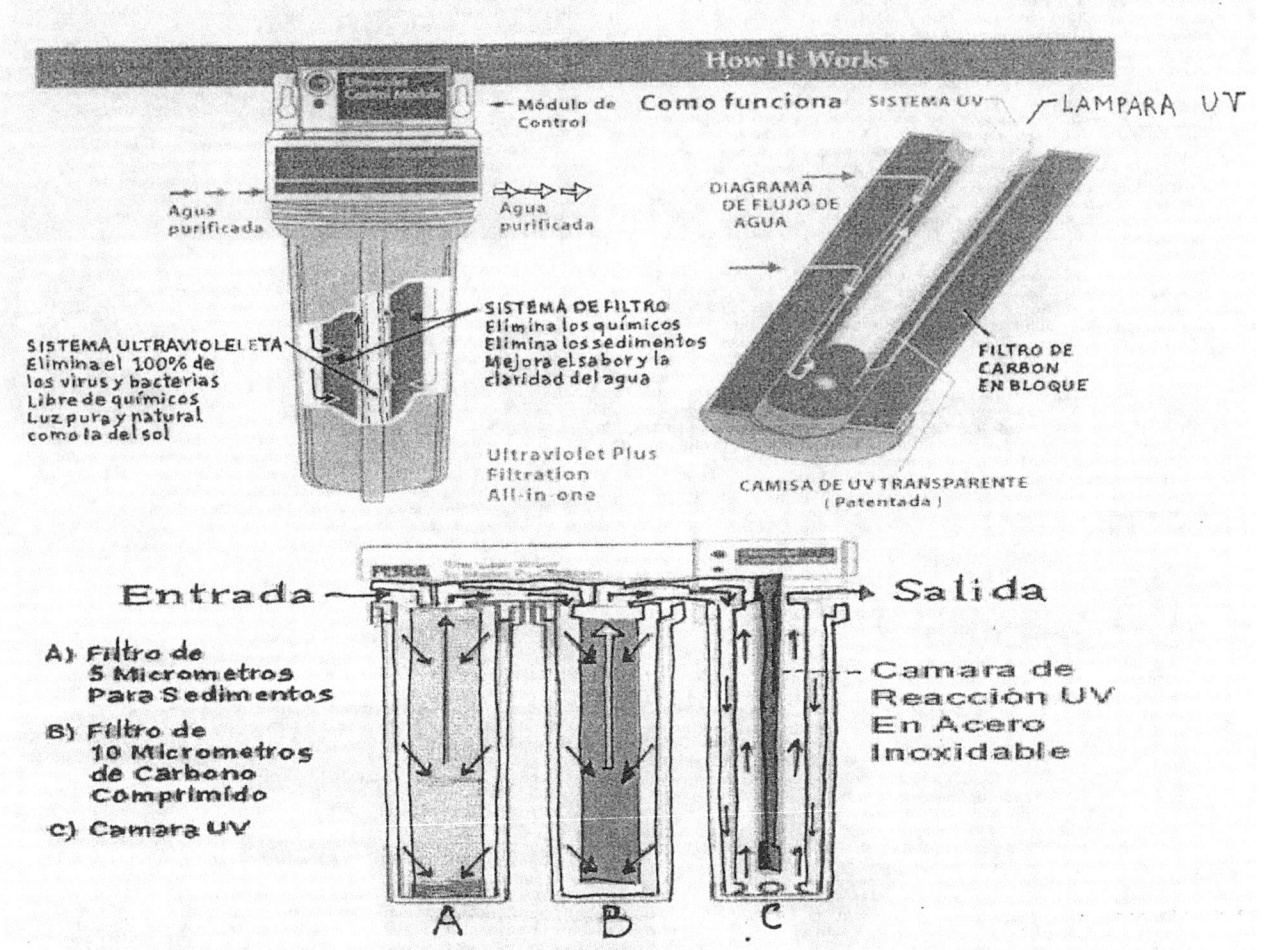

www.ingramcontent.com/pod-product-compliance
Lightning Source LLC
Chambersburg PA
CBHW080839170526
45158CB00009B/2589